双金属协同电催化剂及性能研究

李作鹏 著

Bimetallic
Synergistic
Electrocatalyst
and
its Catalytic
Performance

化学工业出版社

·北京·

内容简介

本书全面总结了双金属催化剂协同催化的机理,结合作者自己近年来在这方面的研究结果,选取了几种有代表性的双金属催化体系,介绍了催化剂的制备、表征及在燃料电池和氢能中氧化还原方面的成果和经验。可供从事燃料电池和氢能方面的专业技术人员、高等学校高年级本科生以及研究生参考。

图书在版编目(CIP)数据

双金属协同电催化剂及性能研究/李作鹏著. —北京:化学工业出版社,2021.10(2023.1重印)
ISBN 978-7-122-39746-1

Ⅰ.①双⋯ Ⅱ.①李⋯ Ⅲ.①双金属催化剂-电催化剂-研究 Ⅳ.①O643.36②TM910.6

中国版本图书馆 CIP 数据核字(2021)第 163006 号

责任编辑:李晓红　　　　　　　　　　装帧设计:刘丽华
责任校对:边　涛

出版发行:化学工业出版社(北京市东城区青年湖南街 13 号　邮政编码 100011)
印　　装:北京科印技术咨询服务有限公司数码印刷分部
710mm×1000mm　1/16　印张 11¾　字数 174 千字　2023 年 1 月北京第 1 版第 4 次印刷

购书咨询:010-64518888　　　　　　　　售后服务:010-64518899
网　　址:http://www.cip.com.cn
凡购买本书,如有缺损质量问题,本社销售中心负责调换。

定　　价:78.00 元　　　　　　　　　　　　　　　　版权所有　违者必究

前　言

含多组分的非均相催化剂的设计和制备，已成为当前材料与催化领域的研究热点。不同组分之间的适当组合，往往会极大地提高复合材料的催化性能，且催化性能提高的程度明显大于单独使用时各组分的催化性能之和，因而被认为各组分之间存在着相互协同的催化作用。与对应的单个组分相加的催化性能相比，这种共同作用导致了明显的、甚至是显著的催化性能的提高或改善。

自丰田公司 2014 年成功推出商品化氢燃料电池汽车 Mirai 以来，燃料电池作为绿色便携式电源设备受到广泛关注，但仍有许多技术难题阻碍着其商业化进程，其中如何制备低成本、高性能催化剂取代价格昂贵的 Pt 催化剂是其核心问题之一。利用非贵金属与贵金属形成合金或金属间化合物从而降低对贵金属的消耗，是实现这一目标的重要手段。更为重要的是，金属与金属形成的合金或金属间化合物由于化学组成和微观结构的变化导致的协同催化作用，在替代贵金属、提高催化活性和选择性等方面的重要作用而受到普遍关注。

笔者自 2011 年独立开展电化学研究以来，基于双金属协同作用理念，致力于合成不同组成与微观结构的双金属材料，开展了双金属催化剂的制备及其在能源催化领域的探索，试图寻找具有更高活性、选择性和稳定性的催化剂材料。具体工作有：高效 Pt-Os、Pt-Ru 双金属协同催化剂在甲醇氧化中的应用；高分散 Pt-Pd 双金属协同催化剂用于甲酸电氧化；Ni-Fe 双金属协同催化剂用于析氧反应；此外通过对 Ag-Mo、Ni-Co 双金属催化剂的设计，在氧还原方面也进行了有益尝试。上述研究工作的研究理念和学术思想是一脉相承的，均基于双金属协同作用理念，旨在提高催化剂催化性能、降低催化剂成本，进而有效推动燃料电池、可持续能源电解水制氢等相关技术的产业化。

　　本书是由山西大同大学博士科研启动基金项目（2011-B-09）资助，书中主要内容是山西省自然科学基金（2012021006-1，201701D121016）、山西省高等学校科技开发项目（2020L0478，2015178）、大同市重点研发计划（201819）以及大同市自然基金（2014105-5）等项目的主要成果。郭永教授和曾建皇副教授为本书的完成给予了极大的鼓励和支持；尚建鹏、张三兵、王瀛、赵海东、赵强、武美霞、李江、李月霞等人的研究工作为本书主要内容的形成作出了很大贡献。杨肖萌、李梦、杨丽鹏等参与了相关文献资料的整理和文字编排工作。在此一并致以衷心的感谢。

　　由于作者水平有限，书中疏漏之处在所难免，敬请读者批评指正。

李作鹏
2021 年 8 月于山西大同大学

目 录

第1章 双金属协同催化概述 ⋯⋯⋯⋯⋯⋯⋯⋯⋯⋯⋯⋯⋯⋯⋯⋯⋯⋯⋯⋯⋯⋯ 001
   1.1 双金属协同催化基础 ⋯⋯⋯⋯⋯⋯⋯⋯⋯⋯⋯⋯⋯⋯⋯⋯⋯⋯⋯⋯⋯ 002
   1.2 典型的双金属协同催化机理 ⋯⋯⋯⋯⋯⋯⋯⋯⋯⋯⋯⋯⋯⋯⋯⋯⋯⋯ 005
      1.2.1 Pt-Ru 双金属协同催化甲醇氧化反应机理 ⋯⋯⋯⋯⋯⋯⋯⋯⋯⋯ 005
      1.2.2 Ni-Fe 双金属析氧反应机理 ⋯⋯⋯⋯⋯⋯⋯⋯⋯⋯⋯⋯⋯⋯⋯⋯ 012
   1.3 结语 ⋯⋯⋯⋯⋯⋯⋯⋯⋯⋯⋯⋯⋯⋯⋯⋯⋯⋯⋯⋯⋯⋯⋯⋯⋯⋯⋯⋯ 018
   参考文献 ⋯⋯⋯⋯⋯⋯⋯⋯⋯⋯⋯⋯⋯⋯⋯⋯⋯⋯⋯⋯⋯⋯⋯⋯⋯⋯⋯⋯ 019

第2章 双金属协同催化体系在燃料电池和氢能中的应用 ⋯⋯⋯⋯⋯⋯⋯⋯ 023
   2.1 直接甲醇燃料电池阳极氧化反应 ⋯⋯⋯⋯⋯⋯⋯⋯⋯⋯⋯⋯⋯⋯⋯⋯ 025
   2.2 直接乙醇燃料电池阳极氧化反应 ⋯⋯⋯⋯⋯⋯⋯⋯⋯⋯⋯⋯⋯⋯⋯⋯ 030
   2.3 直接甲酸燃料电池阳极氧化反应 ⋯⋯⋯⋯⋯⋯⋯⋯⋯⋯⋯⋯⋯⋯⋯⋯ 034
      2.3.1 Pt 基双金属催化剂用于甲酸氧化 ⋯⋯⋯⋯⋯⋯⋯⋯⋯⋯⋯⋯ 035
      2.3.2 Pd 基双金属催化剂用于甲酸氧化 ⋯⋯⋯⋯⋯⋯⋯⋯⋯⋯⋯⋯ 039
   2.4 氧气析出反应 ⋯⋯⋯⋯⋯⋯⋯⋯⋯⋯⋯⋯⋯⋯⋯⋯⋯⋯⋯⋯⋯⋯⋯⋯ 043
      2.4.1 Fe-Co 基双金属催化剂 ⋯⋯⋯⋯⋯⋯⋯⋯⋯⋯⋯⋯⋯⋯⋯⋯⋯ 044
      2.4.2 Ni-Co 基双金属催化剂 ⋯⋯⋯⋯⋯⋯⋯⋯⋯⋯⋯⋯⋯⋯⋯⋯⋯ 046
      2.4.3 Ni-Al 和 Ni-Cr 双金属基催化剂 ⋯⋯⋯⋯⋯⋯⋯⋯⋯⋯⋯⋯⋯ 047
      2.4.4 Cu 掺杂的 Ni、Fe、Co 双金属基催化剂 ⋯⋯⋯⋯⋯⋯⋯⋯⋯ 048
      2.4.5 其他双金属基催化剂 ⋯⋯⋯⋯⋯⋯⋯⋯⋯⋯⋯⋯⋯⋯⋯⋯⋯ 049
   2.5 燃料电池阴极氧气还原反应 ⋯⋯⋯⋯⋯⋯⋯⋯⋯⋯⋯⋯⋯⋯⋯⋯⋯⋯ 051
      2.5.1 双金属 Pt-Ni 合金催化剂 ⋯⋯⋯⋯⋯⋯⋯⋯⋯⋯⋯⋯⋯⋯⋯⋯ 053

2.5.2 其他双金属 Pt-M 合金催化剂 ································· 056
参考文献 ·· 058

第3章　高性能 Pt 基双金属催化剂用于甲醇氧化 ············· 067

3.1 Pt-Os 双金属协同催化剂 ·· 068
　　3.1.1 高分散双金属 Pt-Os 纳米催化剂的制备 ················· 070
　　3.1.2 高分散双金属 Pt-Os 纳米催化剂的表征与评价 ········· 071
　　3.1.3 两种不同方法制备的 Pt-Os 催化剂的催化性能 ········· 072
3.2 双金属 Pt-Ru 核壳结构催化剂 ···································· 082
　　3.2.1 核壳结构 Pt/TiO$_2$@Ru-C 催化剂的制备 ················ 084
　　3.2.2 核壳结构 Pt/TiO$_2$@Ru-C 催化剂的表征与评价 ········ 085
　　3.2.3 核壳结构 Pt/TiO$_2$@Ru-C 催化剂的催化性能 ············ 085
3.3 双金属 Pt-Os 催化剂与 Pt-Ru（TiO$_2$ 稳定的）催化剂性能比较 ···· 095
参考文献 ·· 096

第4章　Pt-Pd 双金属协同催化用于甲酸电氧化 ················ 103

4.1 高分散 Pd-Pt 双金属催化剂 ······································· 105
　　4.1.1 高分散 Pd-Pt 双金属催化剂的制备 ······················ 106
　　4.1.2 高分散 Pd-Pt 双金属催化剂的表征与评价 ··············· 107
　　4.1.3 高分散 Pd-Pt 双金属催化剂性能讨论 ···················· 108
4.2 高性能炭载微量铂修饰的钯催化剂 ······························ 115
　　4.2.1 原位电置换法制备炭载微量铂修饰的钯催化剂 ········ 117
　　4.2.2 炭载微量铂修饰的钯催化剂的表征及评价方法 ········ 117
　　4.2.3 原位电置换法制备的炭载 Pt$_1$@Pd$_x$/C 催化性能讨论 ···· 118
4.3 从高分散 Pd-Pt 双金属催化剂到微量 Pt 修饰的 Pd 催化剂 ···· 127
参考文献 ·· 128

第5章　高效 Ni-Fe 双金属催化剂用于析氧反应 ················ 133

5.1 泡沫镍上原位电沉积花瓣状 NiFeO$_x$H$_y$/rGO ···················· 134
　　5.1.1 花瓣状 NiFeO$_x$H$_y$/rGO 电极的制备 ······················· 135
　　5.1.2 花瓣状 NiFeO$_x$H$_y$/rGO 电极的表征与评价 ··············· 135

  5.1.3 花瓣状 $NiFeO_xH_y/rGO$ 电极电催化 OER 性能 ················ 136

 5.2 Ni-Fe 合金泡沫 ··· 142

  5.2.1 Ni-Fe 合金泡沫的制备 ··· 143

  5.2.2 Ni-Fe 合金泡沫的表征与评价 ································ 143

  5.2.3 Ni-Fe 合金泡沫的电催化 OER 性能 ························ 144

 5.3 从 $NiFeO_xH_y/rGO/NF$ 电极到双金属 Ni-Fe 泡沫合金电极 ······· 151

 参考文献 ··· 152

第 6 章 高效双金属协同催化析氧和氧还原反应 ···························· 157

 6.1 Ni-Co 双金属协同催化析氧和氧还原反应 ······························ 158

  6.1.1 脊椎状 $NiCo_2O_4$ 纳米材料的制备 ·························· 158

  6.1.2 脊椎状 $NiCo_2O_4$ 纳米材料的表征与评价 ················· 159

  6.1.3 脊椎状 $NiCo_2O_4$ 纳米材料的电催化 OER 及 ORR 性能 ··· 160

 6.2 Ag-Mo 双金属协同催化 ORR 反应 ······································ 167

  6.2.1 Ag-Mo 双金属催化剂的制备 ·································· 168

  6.2.2 Ag-Mo 双金属催化剂的表征与评价 ························· 168

  6.2.3 Ag-Mo 双金属催化剂电催化 ORR 反应 ···················· 169

 6.3 Ni-Co 双金属催化剂和 Ag-Mo 双金属催化剂的比较 ················ 172

 参考文献 ··· 173

第1章 双金属协同催化概述

1.1 双金属协同催化基础
1.2 典型的双金属协同催化机理
1.3 结语

随着纳米科学和纳米技术的发展，纳米复合催化剂因具有较小的粒径和更多的表面活性位点，能够更好地与反应底物接触，展现出优异的催化性能。其中，金属纳米复合材料作为一种最重要的无机材料，相比其体相材料，显示出优异的电、磁、光等物理特性，因而受到了各个研究领域的广泛关注，特别是在各种催化反应中。含多组分的非均相催化剂的设计和制备，已成为当前材料与催化领域的研究热点。不同组分之间的适当组合，往往会极大提高复合材料的催化性能，并且该催化性能提高的程度明显大于单独使用时其各组分的催化性能之和，因而被认为各组分之间存在着相互协同的催化作用。协同催化效应（synergistic effects）在这里被施剑林院士[1]定义为一种催化剂中不同组分和/或活性位点之间的某种共同作用，相比对应的单个组分的相加的催化性能，这种共同作用导致了明显的，甚至是显著的催化性能的提高或改善，如催化活性、选择性、催化剂耐用性和寿命等等。

目前，在复合催化材料的化学制备策略与途径的基础上，提出了四种协同催化类型，分别是：（1）两种组分相互作用，其中一种组分激活另一种主催化组分，使其催化活性显著提高，极大加快反应进程；（2）两种组分分别催化一个多步反应的不同步骤，或在含两个反应物的反应中分别活化两个反应组分，通过两种组分的先后接力催化使得整个反应的速率显著提高；（3）次要组分能有效防止主要催化组分在反应过程中的失活，使得反应能够在较高速率下持续进行；（4）在较复杂的氧化还原反应中，储氧组分与氧化和还原催化组分相互作用，使得多个氧化/还原反应在合适的氧浓度均能保持较快的反应进程。

1.1 双金属协同催化基础

贵金属作为能源和环境领域使用的重要催化剂材料，因其在地球中储量限制，如何高效、合理地利用贵金属材料已成为催化领域面临的挑战之一[2]。一方面，利用非贵金属与贵金属形成合金或金属间化合物从而降低对贵金属的消耗；另一方面，直接利用非贵金属代替贵金属是人们普遍的共识。而更为重要的是，金属与金属的合金与金属间化合物由于化学组成和微观结构的变化，其与单一贵金属材料相比具有不同的性质，也就是双金属的协同催化作用，在替代贵金属、提高催化活性和选择性等方面的重要作用而受到普遍关注[3-5]。围绕双金属的材料组成、微观结构等因素进行调控以制备不同的双金属材料，研究上述不同的双金属材料在不同催化反应中的表现，试图寻找具有更高活性、选择性和稳定性的催化剂材料，并且尝试探索新的催化反应和催化反应机理也成为研究的热点问题。

关于对双金属协同催化作用的理解，徐强[6]等人描绘了一幅非常生动的图画，如图1-1所示，在总分子数相同的情况下，AB的催化性能大于A或者B的催化性能，即A_xB_{1-x}＞A或者B。双金属纳米粒子是一类显示与两种组成金属有关的性能组合的材料，其催化过程总结如下。

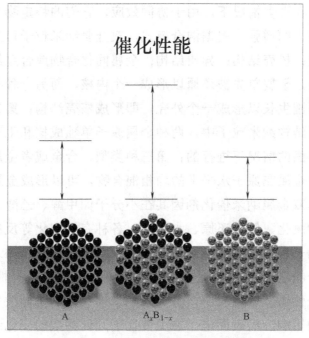

图 1-1　双金属协同催化示意图[6]

首先，表面基元反应是催化剂表面两种吸附物质之间的复合反应：

$$M\text{-}A_{ads} + M\text{-}B_{ads} \longrightarrow 2M + A - B \quad (1\text{-}1)$$

显然，完成这一反应的前提条件是催化剂表面必须同时结合 A_{ads} 与 B_{ads}。换言之，催化表面需要多个吸附位点（或反应位点）同时参与方能使反应进行，这种现象称为协同效应。协同催化的多个位点可以是同质的也可以是异质的：

$$M_1\text{-}A_{ads} + M_2\text{-}B_{ads} \longrightarrow M_1 + M_2 + A - B \quad (1\text{-}2)$$

异质协同催化[式（1-2）]的效率往往高于同质协同催化[式（1-1）]，因为反应物 A_{ads} 与 B_{ads} 的性质通常很不相同（例如，一个为还原剂，另一个为氧化剂），相应的最佳吸附基底也应该有所不同，即分别采用两种性质不同的表面比采用单一表面更有利于同时获得 A_{ads} 与 B_{ads}。这一判断的重要推论是，对于涉及两种吸附物质的表面复合反应，应该可以找到一种双金属催化剂，它的催化活性高于单金属催化剂。

在许多情况下，由于协同效应，它们的特定物理和化学性质有很大的增强。根据混合模式，双金属纳米粒子可分为三种主要类型：核壳结构；异质结构；金属间化合物或合金结构。第一种类型，金属首先被还原以形成一个内核，而另一种类型的金属在核周围生长以形成一个外壳，即形成核壳结构；第二种类型，在异质结构纳米粒子中，两种金属原子单独成核和生长是在共享混合界面的情况下进行的；第三种类型，合金或者金属间化合物是两种金属在原子水平上的均相混合物，可以形成金属-金属键。

双金属纳米催化剂因其在小分子如甲醇、乙醇、甲酸等的电化学氧化、氧气还原、水氧化、各种有机催化等反应中的应用而成为一种非常重要的纳米材料[7]。第二种金属的加入是调整纳米粒子的电子和几何结构，以提高其催化活性和选择性的重要途径。第一性原理研究表明，异金属纳米催化剂的协同效应受表面电子态的影响，而表面电子态受催化剂几何参数的变化影响很大，特别是与表面局部应变和有效原子配位数有关。过去的几年里，由于对高性能催化剂的实际应用的巨大需求,特别是镍、铁、钴等金属与贵金属的结合使用,可以降低昂贵贵金属的含量,提高催化剂催化性能,从而提供低成本的催化剂。

1.2 典型的双金属协同催化机理

1.2.1 Pt-Ru 双金属协同催化甲醇氧化反应机理[8]

在甲醇燃料电池中,Pt-Ru 双金属催化剂由于其出色的稳定性、抗 CO 中毒能力以及优异的电催化活性,成为当前最成熟的催化剂同时也是最为理想的双金属 Pt 基催化剂。在电催化中,最著名的协同效应的例子是甲醇燃料电池的阳极氧化反应(MOR):

$$CH_3OH + H_2O \longrightarrow CO_2 + 6H^+ + 6e^- \qquad (1-3)$$

当采用 Pt 作催化剂时,这一表面反应涉及三个阶段。首先是甲醇分子在 Pt 表面发生解离脱氢,产生 CO_{ads}:

$$CH_3OH + Pt \longrightarrow Pt\text{-}CO_{ads} + 4H^+ + 4e^- \qquad (1-4)$$

然后,H_2O 分子在电极表面氧化产生进一步氧化 CO_{ads} 所需的表面含氧物质 OH_{ads}:

$$H_2O + Pt \longrightarrow Pt\text{-}OH_{ads} + H^+ + e^- \qquad (1-5)$$

最后,CO_{ads} 与 OH_{ads} 在催化剂表面发生复合反应:

$$Pt\text{-}CO_{ads} + Pt\text{-}OH_{ads} \longrightarrow 2Pt + CO_2 + H^+ + e^- \qquad (1-6)$$

MOR 的热力学平衡电势为 0.016V(vs. RHE),但实际上采用 Pt 作催化剂时,只有当电极电势高于+0.5V 才能观察到稳定的阳极电流。这是因为反应式(1-5)是个慢步骤,H_2O 在 Pt 表面的电氧化发生在 0.45V(vs. RHE)的电势,致使 Pt 催化的 MOR 存在大于 0.4V 的超电势。降低这一反应超电势的有效方法是采用比 Pt 活泼的金属,使 H_2O 的电氧化可以在较负的电势下进行。实验证明 Ru 是到目前为止发现的扮演这一协同催化角色的最佳

金属[9,10]:

$$H_2O + Ru \longrightarrow Ru\text{-}OH_{ads} + H^+ + e^- \quad (1\text{-}7)$$

$$Pt\text{-}CO_{ads} + Ru\text{-}OH_{ads} \longrightarrow Pt + Ru + CO_2 + H^+ + e^- \quad (1\text{-}8)$$

由于反应式(1-7)可以在高于 0.25V($vs.$ RHE)的电势下发生,因此反应式(1-8)比反应式(1-6)足足提前了 0.2V。

在上述例子中,Pt-Ru 双金属催化剂中 Ru 的助催化作用便是典型的协同效应,也称为双功能机理(bi-functional mechanism),即 Pt 促进甲醇分子解离脱氢,Ru 促进 H_2O 电氧化提高 OH_{ads}。这一机理由 Watanabe 等人[11,12]早在 20 世纪 70 年代研究 Pt-Ru 纳米合金催化剂甲醇氧化过程提出,后来使用原位红外反射谱研究了 Pt-Ru 催化剂在不同电位下的原位红外反射谱[13],如图 1-2 所示,从高电位回扫过程中,在 Pt 活性位 CO 的伸缩振动峰(2050cm^{-1})和 Ru 活性位桥位 CO 伸缩振动峰逐渐加强,表明在 100mV 电位时,在 Pt-Ru 电极上的反应以甲醇脱氢生成 CO 为主导,而且在 3610cm^{-1} 和 1610cm^{-1} 处出现两个峰逐渐增强,可以归为 $\nu(OH)$ 和 $\nu(HOH)$ 的伸缩振动,不同于体相中水中的羟基振动,而更似单分子水中羟基的振动(弱氢键),说明为 Pt-Ru 催化

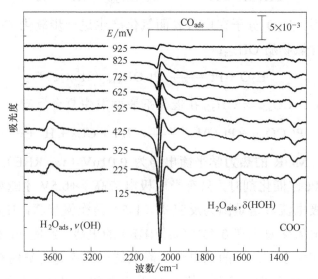

图 1-2 Pt-Ru 催化剂在不同电位下的原位红外反射谱[13]
电解液 1mol/L CH_3OH+1mol/L $HClO_4$

剂表面吸附的单层水分子，而活性位中心为 Ru，上述不同电位 CO 的形成以及 Ru 中对水的吸附，直接证实了反应式（1-7）和反应式（1-8）过程。

很多过渡金属可在更负的电势下产生 OH_{ads}，例如 Ni 可在约 0.1V（$vs.$ RHE）产生 $Ni\text{-}OH_{ads}$，但这些过渡金属与 Pt 形成的双金属催化剂对 MOR 的催化性能均不如 Pt-Ru。其原因可能是多方面的，在催化剂制备方面，比 Pt 活泼得多的过渡金属不易与 Pt 形成均匀的合金，因而导致双金属表面 CO_{ads} 与 OH_{ads} 的反应区域较小。从电子效应的角度看，表面反应性高的过渡金属虽然可在较负的电势下获得 OH_{ads}，但它与 OH_{ads} 过强的结合力对后续的复合反应是不利的。因此用以产生表面含氧物种的金属组分并非越活泼越好。

Ru 对 Pt 的助催化作用还包括可能的电子效应。如果 Ru 以合金的方式与 Pt 结合，将通过配体效应提高 Pt 的表面反应性，有利于甲醇分子的解离吸附。另外，有研究者认为[14]，Ru 提高了 Pt 表面给电子能力的同时也降低了 Pt 表面获取电子的能力（电子亲和性），从而在一定程度上降低了 Pt 表面的 CO 吸附强度，因此促进了 CO_{ads} 与 OH_{ads} 的复合反应。

关于甲醇电氧化 Pt-Ru 催化剂的活性提升机理主要是由于协同效应还是电子效应，文献报道中有相当多的争论。如果电子效应是主要的，那么 Pt-Ru 催化剂的结构以合金为最佳，因为均匀地合金化有利于增强电子效应以及扩大 $Pt\text{-}CO_{ads}$ 与 $Ru\text{-}OH_{ads}$ 的反应区域。但不少研究也发现[15-19]，Ru 以（水合）氧化物的形式（RuO_xH_y）存在更有利于提高对 MOR 的催化活性，似乎没有必要形成 Pt-Ru 合金。Ren 等[16]对比完全合金化的 Pt-Ru 与完全非合金化的 $Pt\text{-}RuO_xH_y$，作为直接甲醇燃料电池（DMFC）阳极催化剂的性能，发现两者可以获得几乎一样高的电池性能。这说明不能采用刚制备的催化剂的结构与表面状态来理解 Pt-Ru 催化剂工作时的表面状态。庄林等[17]发现，在 DMFC 工作条件下，Pt-Ru 催化剂中 Ru 的状态非常不稳定。一方面，适当的阳极氧化可大幅度地提升 MOR 催化活性，这似乎说明 RuO_xH_y 是较好的工作状态；Long 等[18]也发现钌在 Pt-Ru 催化剂中 RuO_xH_y 物种要比 Ru^0 对甲醇氧化具有更强的催化活性。研究发现，催化剂最活跃的形式是相的混合物，而不是 Pt 和 Ru 形成双金属合金，催化剂最大限度地扩大 Pt^0 和 RuO_xH_y 之间的相界面面积，才能保持甲醇氧化的高活性。所以在设计催化剂的时候，尽可能地设计成 Pt ‖ RuO_xH_y 结构的催化剂。Shyam 等[19]也发现在商品化的 Pt-Ru 催化剂（Tanaka）样品中，有较多的 Ru 分离到表面，以更氧化、更稳定的 RuO_xH_y 岛形式存在，如图 1-3 所示。他们也证实了之前的发现，在 Pt-Ru 催化剂中，不是金属钌，而是钌氧化物和氢氧化物相对稳定去除 CO 性能至关重要。

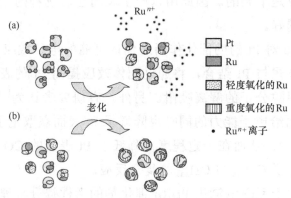

图 1-3 初级 Pt-Ru 纳米粒子老化过程[19]
（a）Johnson-Matthey 催化剂；（b）Tanaka 催化剂

为了使 Pt 与 Ru 在微观上尽可能地均匀混合并获得表面 RuO_xH_y，制备 Pt-Ru 催化剂较好的方法可能是先合成合金度尽可能高的 Pt-Ru 双金属纳米粒子，然后再通过电化学去合金化等方法将 Ru 提取到催化剂表面形成 RuO_xH_y[20]。

前文提到电催化协同效应最典型的例子是甲醇氧化 Pt-Ru 催化剂，在这个体系中，Pt 扮演催化甲醇脱氢的角色，而 Ru 负责提供表面含氧物种，最终的 CO 氧化反应在 Pt 和 Ru 的协同作用下完成。虽然这个机理已被广泛认可，但对这种协同效应的直接观测一直没能实现，原因是普通的实验手段很难准确定位 Pt 与 Ru 之间的界面并观测发生在这一特定区域的化学反应。

武汉大学庄林等的研究表明[21]，由于协同催化反应必然发生在两个表面的交界处，如图 1-4（a）所示，如果能够调控两表面之间的距离，便有可能直接观察两表面间是否存在协同效应。一种可能的做法是故意将两个催化表面分开几个埃的距离，这个距离如此之小以至于吸附在两个表面上的分子的波函数仍然可以有效重叠，也即吸附分子之间仍然存在相互作用，如图 1-4（b）所示。这种想法的实际意义在于可以利用扫描隧道显微镜（STM）技术将两个表面拉近至几个埃的距离，如果 STM 针尖与基底分别吸附反应分子，则当两个表面靠近时，协同反应可能被触发，STM 针尖可用于记录反应产生的电流信号，如图 1-4（c）所示。

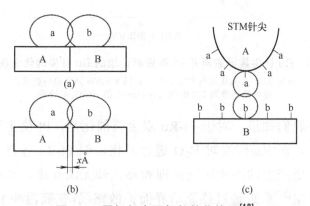

图 1-4　两相邻表面间的催化协同[18]

（a）a 分子与 b 分子在 A 表面与 B 表面的界面处发生相互作用；（b）当 A 表面与 B 表面分开几埃的微小距离时，界面处 a 分子与 b 分子仍可以发生相互作用；（c）采用 STM 技术将 A 表面与 B 表面拉至相距几埃的距离，并记录吸附在 A 针尖表面的 a 分子与吸附在 B 基底表面的 b 分子之间的反应信号

实现这一思想的最简单的方案是使用 Ru 针尖去靠近预先吸附有 CO 的 Pt 基底，同时通过控制电势使 Ru 针尖表面产生含氧物种，如果 Pt-CO$_{ads}$ 与 Ru-OH$_{ads}$ 之间发生反应，Ru 针尖应该可以记录到 OH$_{ads}$ 氧化剥离的电流信号。当 Ru 针尖远离 Pt 表面时，在此电势范围内仅能记录到 Ru 表面的充电电流，没有明显法拉第反应发生。采用 STM 技术使 Ru 针尖靠近 Pt 表面之后，此时 Ru 针尖可以记录到从 0.3V 开始起波，表面有明显的阳极电流（图 1-5），将 Ru 针尖拉离 Pt 表面后，上述阳极电流消失。从上述实验结果可以很清楚地看到 Ru 针尖记录到的电流便是 Pt-CO$_{ads}$ 与

Ru-OH$_{ads}$ 反应产生的阳极电流,这是首次实现的对 Pt-Ru 电催化协同效应的直接观察。

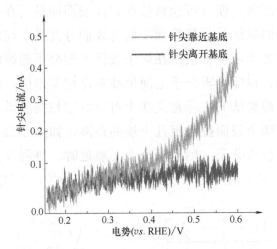

图 1-5　Ru 针尖靠近或离开 Pt 基底时记录的 Ru 针尖的伏安曲线[18]

Ru 针尖与 Pt 基底间没有电势差,并以 50mV/s 同步电势扫描。
电解质溶液为 CO 饱和的 0.1mol/L 的 HClO$_4$ 水溶液

我们知道,对于 Pt-Ru 双金属催化剂,Pt 位主要对甲醇进行脱氢,而 Ru 位要对 H$_2$O 进行活化,但 Pt-Ru 各自具体的含量或位置所产生的不同协同机理和路径却无法知道。重庆大学魏子栋课题组[22]最近通过热驱动界面扩散路线,在高温和 H$_2$/N$_2$ 还原气氛下促使 Pt 吸附的 Ru^{3+} 向 Pt 中"还原"和"扩散",可以精确控制 Pt-Ru 双金属纳米颗粒的表面组成,合成了不同表面含量的核壳 Pt-Ru 双金属催化剂。由于核壳结构以及表面含量的不同,在催化剂表面产生了不同反应路径和反应中间体,如图 1-6 所示,研究发现富 Pt 的 Pt-Ru 合金催化剂具有通过 HCOO$^-$ 中间体的氧化途径,而富 Ru 的 Pt-Ru 合金催化剂具有 CO 中间体氧化途径。同时,Pt/Ru 表面原子比最佳的 Pt-Ru 合金催化剂具有最佳的 MOR 活性和抗 CO 中毒能力,传递了 HCOO$^-$ 和 CO 两种中间体组合的途径。

事实上,设计此类双功能电催化剂的原则是使协同效应最大化。理想的催化表面应该尽可能多地均匀地分布这些双功能位点,有序表面合金并使 Ru 进一步转变为氧化态是实现这一理想结构的重要途径。

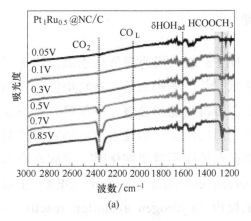
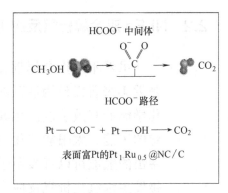
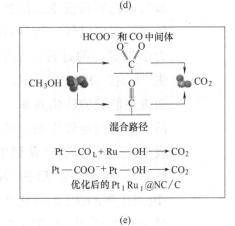
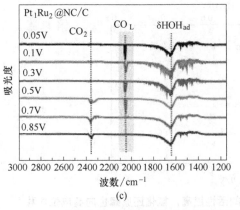
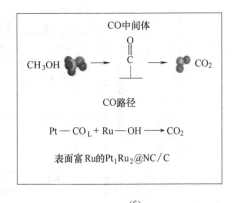

图 1-6　电解液为 0.1mol/L $HClO_4$ + 0.5mol/L CH_3OH 溶液中，
电极表面在不同电位下的原位红外反射谱[22]

(a) $Pt_1Ru_{0.5}$@NC/C 催化剂；(b) Pt_1Ru_1@NC/C 催化剂；(c) Pt_1Ru_2@NC/C 催化剂；
(d) ～ (f) 为 (a) ～ (c) 对应的反应过程和反应中间体

1.2.2　Ni-Fe 双金属析氧反应机理

虽然不是贵金属催化，Ni-Fe 双金属协同催化水氧反应无疑是近年来研究最为活跃的领域[23,24]。电解水是一种将电能转化为化学能的有效手段，尤其是在可再生能源领域，不仅可以将不稳定的风能、太阳能转化为可利用的氢能，而且通过电解水方式制备出的氢能可以直接用于燃料电池而不需要纯化[25]。电解水在阳极发生水氧化析氧反应（oxygen evolution reaction，OER）生成氧气，在阴极发生还原析氢反应（hydrogen evolution reaction，HER）产生氢气，其中 OER 反应的过程需要转移 $4e^-$，是一个动力学很缓慢的过程，需要施加很高的过电位才能驱动反应的发生[26]。在 OER 反应中，电催化剂的引入有助于降低过电位，从而提高能源的转化效率。在碱性条件下，$NiFeO_xH_y$ 被认为是 OER 活性最高的电催化剂。早在 20 世纪 80 年代，Corrigan 等[27,28]就发现在氧化后的 Ni 薄膜中加少量的 Fe 能够极大地提高催化剂的活性。掺杂 Fe 后的 $Ni(OH)_2$ 会出现两个很明显的现象：$Ni(OH)_2$/NiOOH 的氧化还原峰会向正电位偏移；催化剂的活性会显著的提高[29]，如图 1-7 所示。

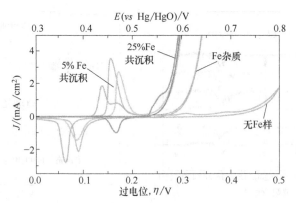

图 1-7　循环伏安图对比：掺入 Fe 后催化剂的活性提高，氧化还原峰也向高电位偏移[29]

后来随着表征技术的进步，研究人员试图理解 Fe 的掺入是如何影响催化剂的活性。尽管通过各种原位探测技术，研究人员还是没能清楚为什么掺入 Fe 后 Ni(OH)$_2$/NiOOH 的峰会发生偏移；NiFeO$_x$H$_y$ 中的活性位点究竟是 Ni 还是 Fe 仍然没有定论。研究人员通过原位的紫外-可见吸收光谱、表面增强拉曼光谱、X 射线吸收光谱、理论计算、原位导电性测试以及穆斯堡尔谱等手段来研究 NiFeO$_x$H$_y$ 中的活性位点，但是仍然没有统一的认识，支持 Fe 或支持 Ni 是活性位点的论文不断涌现，但不论是 Fe 影响 Ni，还是 Ni 影响 Fe，都是典型的协同催化效应。

其实 Fe 对于 Ni(OH)$_2$ 的电化学性质的影响可以追溯到 1907 年爱迪生的一篇专利[29]，他在专利中提到，溶液中痕量的铁（可能是商用原料中含有的极少量的 Fe）也会对作为电极材料的 Ni(OH)$_2$ 造成影响。比较系统的研究溶液中痕量铁对 Ni(OH)$_2$ 的 OER 活性影响则是 1987 年 Corrigan 发表在 *J Electrochem Soc* 上的文章[30]。作者发现，即使是 0.01%的铁也能够降低 OER 的过电位，提高催化剂的活性。随后作者使用原位的 Moessbauer 谱检测到 Fe(Ⅲ)的部分电子转移能够形成部分的高价态，认为 Ni(Ⅱ)的氧化过程可能导致了部分高价态 Fe 的形成，这些高价态 Fe 可能对于提高 OER 活性有重要作用。从 2010 年开始 OER 作为能源转换领域的热门研究方向开始受到人们的广泛关注，至今热度仍然不减。

在 2013 年 McCrory 等人发表的这篇论文[31]，初步研究了过渡金属氧化物在玻碳电极上的催化性能，发现在碱性体系中，在所有非贵金属催化剂中 NiFeO$_x$ 的催化活性最好，如图 1-8（a）所示；并且对 OER 反应催化剂的测试进行了规范。2014 年 Gao 等人[32]发现合成的中空 α-Ni(OH)$_2$ 纳米球具有很好的 OER 活性，如图 1-8（b）所示，其在 10mA/cm^2 电流密度下的过电位是 331mV，具有和贵金属 RuO$_2$ 相比拟的催化活性。Boettcher 课题组[33]利用旋涂的方法制备了不同金属掺杂的 NiO$_x$ 薄膜，发现掺入 Fe 之后的 NiO$_x$ 薄膜相比于其他金属掺杂具有很高的活性，认为溶液中痕量的 Fe 对 NiOH 的 OER 活性有很大的提高，但是并没有讨论活性位点的来源，主要还是认为 Ni 是活性位点。

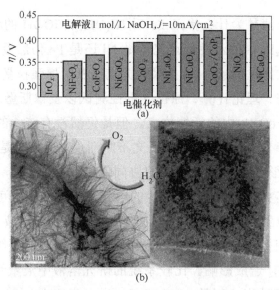

图 1-8　(a) 在单晶 Pt 电极上测试不同金属的 OER 活性, Ni(OH)$_2$ 的活性比其他过渡金属高[31]; (b) 中空 α-Ni(OH)$_2$ 纳米球的 TEM 图[32]

以 Fe 为活性位点观点的兴起: 2014 年, 同样是 Boettcher 课题组[29], 他们利用原位的导电性测试, 发现 Ni(OH)$_2$ 的导电性很差, 但是在氧化成 NiOOH 的时候导电性能提高很多, 而 Fe 的掺入能够提高 NiOOH 的导电性, 这可能是提高催化剂催化性能的其中一个原因。与此同时, 为了排除 Fe 杂质的影响, 尽管使用高纯度的 KOH 作为电解质, 实验过程中仍然很容易有 Fe 的影响, 如溶液中如果有少量的 Fe, 都能极大地提高 Ni(OH)$_2$ 的活性, 作者首先使用 Ni(OH)$_2$ 吸附电解质中痕量的铁, 然后测试 Ni(OH)$_2$ 的 OER 活性, 发现纯相的 Ni(OH)$_2$ 是非常差的 OER 催化剂。这一发现使得人们重新认识 Ni 在 OER 中的真正活性, 而且前面提到的文章中极有可能在溶液中有痕量的 Fe 影响了催化剂的活性。

2015 年 Burke 等[34]以 Co-Fe 催化剂, CoO$_x$H$_y$ 的活性随着 Fe 的掺杂量先增加后减少, 如图 1-9 (a) 以假定 Fe 为活性位点计算生成氧气的 TOF, 发现其在 60%的掺杂量之前是不变的, 当掺杂量大于 60%时, 由于有导电性很差的 FeOOH, 因此其 TOF 值降低。但是当作者假设 Fe 为活性位点时, 催化剂的活性是没有随着 Fe 的掺入量而增加的。也就是说, 降低的过电位仅仅是由于

Fe 数量的增加,而最后的下降是因为相分离,也就是产生了 FeOOH 单独的相。所以,Fe 非常有可能就是直接的活性位点。但是 FeOOH 的 OER 活性被认为非常差,这也是被很多人测试过的。那么究竟 FeOOH 的真实活性到底如何呢?Zou 等人[35]试图讨论 FeOOH 的真实活性。FeOOH 活性的测试比较困难,主要是因为在高电压下 FeOOH 极易溶解,也就是催化剂的量难以确定,这使得 FeOOH 催化剂活性的表征非常困难。作者制备了 QCM 电极,能在测试过程中原位测试催化剂的质量,这为获取 FeOOH 的真实活性铺平了道路。作者发现,FeOOH 膜在高电位下很快就溶解,但是仍然会有一层很薄的 FeOOH 膜在电极表面。经过测试,作者发现 Fe 的本征活性比 Ni 的高,而并不是原来认为的那样差。尤其在 Au 电极上时,表面的 AuO_x 会极大地提高 FeOOH 的活性。如图 1-9(b)所示,作者认为,导致 FeOOH 在常规测试中活性很差的原因是其导电性特别差。至此,铁杂质再次被重新认识;在去除铁杂质的情况下,过渡金属的 OER 活性顺序为:$Ni(Fe)O_xH_y$ > $Co(Fe)O_xH_y$ > $FeOO_xH_y$ > CoO_xH_y > NiO_xH_y > MnO_xH_y。

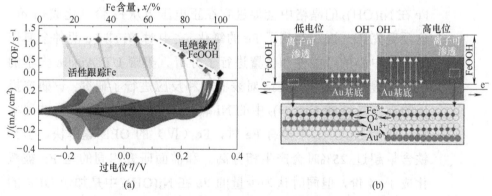

图 1-9 (a)以 Fe 为活性位点计算生成氧气的 TOF[34];(b)通过 QCM 测定的 Fe 在 Au 电极表面的 OER 活性[35]

2015 年,Alexis T. Bell 课题组[36]利用多种原位测试手段发现在 Ni_xFe_yOOH 中存在比较短的 Fe—O 键,作者认为这是因为掺入的 Fe 和周围的[NiO_6]相互作用产生的;利用理论计算,作者发现这些掺入的 Fe 具有更高的活性，而 Ni 的活性则非常的低，如图 1-10 所示。因此作者认为在 Ni_xFe_yOOH 中的活性位点是 Fe。

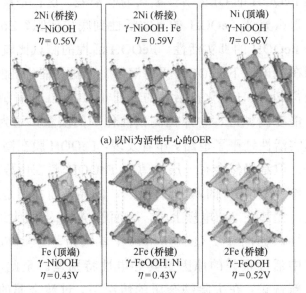

(a) 以 Ni 为活性中心的 OER

(b) 以 Fe 为活性中心的 OER

图 1-10　通过理论计算 Ni_xFe_yOOH 中的 Ni 的活性很低，相反 Fe 的活性比较高[36]

同年，一项用穆斯堡尔谱原位表征 Fe 的价态的研究表明[37]，Fe 在 $Ni(OH)_2$ 的晶格中会促进它在正电压下从 +3 价氧化成 +4 价。这项研究第一次观测到了 Fe 的氧化，文中对 Ni 或 Fe 两种金属作为活性中心的可能性和位置进行了分析。美国 UT Austin 大学的 Bard 课题组[38]使用 SECM 对表面中和反应进行了研究，该研究提出的观点是纯的 $Ni(OH)_2$ 中的 Ni 氧化成 Ni（Ⅳ）时 OER 的速率慢，而当 $Ni(OH)_2$ 中掺有 Fe 时，Fe（Ⅳ）的 OER 速率快，但当铁含量超过 25% 时会产生相分离。和前面研究相同的是 Fe 被氧化成了 +4 价，但同时认为少量的 Fe 在 $Ni(OH)_2$ 中是加快 OER 的活性点。Peter Strasser 教授[39]则用原位 X 射线吸收谱（XAS）以及质量分析，分析了 Fe 在 $Ni(OH)_2$ 中对法拉第效率的影响，推断出金属中心氧化速率，尤其是 Ni 和水氧化速率的关系，取决于 Fe 的含量。同时，此研究强调了 Ni(Fe)OOH 是体相催化剂而不是只有表面催化反应。

正因为 Ni(Fe)OOH 晶格相不仅仅是表面催化，那么 Fe 掺杂在晶格中的位置也会对 OER 催化产生很大的影响。Boettcher 课题组[40]做了个有趣的实验，在不含 Fe 杂质的 Ni(OH)$_2$ 中突然加入 1μg/g 的铁杂质，然后观察 OER 的活性和 Ni 的氧化还原峰，以推断 Fe 的位置。此项研究推测 Fe 开始吸附在边缘/缺陷位，然后渗入进体相。同时，这样加入 Fe 能提高 OER 的性能，但是电子结构与合成时直接加入 Fe 不同，说明 Fe 在边缘/缺陷位比在体相中对 Ni(OH)$_2$ 的 OER 性能提高有着更重要的意义，如图 1-11 所示，第一次表明 Fe 位置的不同对 Ni 的协同催化也不同。

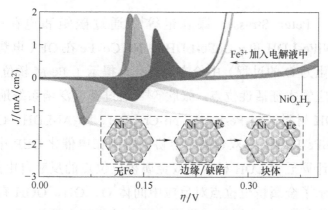

图 1-11　Fe^{3+} 在 Ni(OH)$_2$ 晶格中的分布及对应的 CV 曲线[41]

也有对"Ni 为活性位点"这一观点的坚持，Peter Strasser 教授[41]利用原位微分电化学质谱（DEMS）和 X 射线吸收谱（XAS），来表征在 OER 状态下的 Ni$_x$Fe$_{1-x}$OOH 催化剂的氧化态和原子结构。如图 1-12 所示，在 OER 状态下，催化剂中有部分的 Ni 以+4 价的状态存在。在实验过程中，高价镍量依赖于其生产速率和消耗速率，在较高的电压下，OER 速率占主导，也就是说高价镍会被迅速消耗，因此测定的高价镍的含量比较低。作者认为铁的掺入能够提高 Ni 在 OER 中的价态，高价镍是 OER 的活性位点。

Li 等[42]利用 XANES 和库仑滴定的方法证明掺入的铁能够促进 Ni^{4+} 的形成从而提高催化活性。最近，研究人员在上述研究的基础上又初步提出了双金属位点协同催化 OER 反应的机制。例

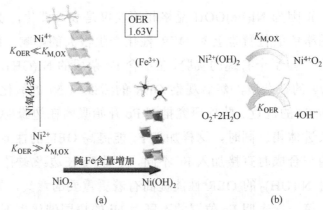

图 1-12 Fe 掺入能够提高在高电位下的价态，而高价的镍是催化产生氧气的活性位点[41]

如，Peter Strasser 课题组等[43]通过磁矩和电荷平衡研究了 γ-NiFe-LDH 和 γ-CoFe-LDH 中 Ni、Co、Fe 在 OER 电势决定步（OH 氧化为 O 的过程）中价态的变化，揭示了 Fe-M 桥位位点是 OER 反应的本征活性位点。张欣等[44]通过密度泛函系统地探究了五种 LDH 材料（Ni_3Fe-LDH、Ni_3Cr-LDH、Ni_3Al-LDH、Co_3Mn-LDH、Co_3Fe-LDH）中双金属位点协同机制在电催化 OER 中的作用。通过计算五种 LDH 材料在双金属桥位位点的反应自由能和过电位，揭示了金属桥位位点对反应中间体 $^*O$、$^*OH$、$^*OOH$ 有很强的吸附活化能力，双金属协同作用可以有效降低电催化 OER 反应的过电位，从而实现 OER 催化活性的提升，从微观层面上揭示了 LDH 材料中双金属协同作用对 OER 活性的影响，研究结果将为基于 LDH 材料的新型催化剂的设计提供理论信息和依据。总之，关于活性位点的争论还在继续，但是真相也会越辩越明。随着时间的推移，对于催化剂的认识，对于实验的设计以及表征的手段都在进步，催化剂的真实图景也将越来越清晰。

1.3 结语

近年来，双金属纳米催化材料的研究已经取得了长足的进展，如 Pt-Ru、Ni-Fe 等双金属催化剂，然而由于影响双金属纳米材料催化性能的因素很多，寻找最优的双金属催化剂材料是值得挑战的难题。此外，一些新的表征手段对于双金属纳米催化剂材料的合成及协同催化机理的理解均有着重要的帮助。如球差校正电镜等高倍分辨电镜的使用，通过对纳米级别催化剂的仔细观察，能够得到金属催化剂表面全面的信息，通过对材料X射线吸收精细结构谱（XAFS）的分析，能够得到吸收原子与邻近原子的间距、原子的数量和类型以及吸收元素的氧化状态，从而更好地理解双金属纳米催化剂在催化反应过程中所起的真实作用。此外，越来越多的计算模拟被引入到催化反应机理的解释上，理论模拟计算能够更好地辅助对催化反应过程的理解，结合真实的实验数据能够给人信服的理论解释模型，为进一步设计高效的催化剂提供可靠的理论支持。因此，理论与实验的结合也是将来双金属催化领域中重要的研究方法。

总之，通过调控制备具有不同组成的双金属纳米材料，进一步控制合成其不同的微观结构，获得最优的催化活性是此领域研究的重点问题。结合现代的表征手段和技术，了解双金属催化剂材料在具体催化反应过程中所起的具体作用，为将来设计双金属催化剂材料提供可借鉴的思路。随着双金属纳米催化剂的发展，能够开发出更多的催化剂以满足日益发展的催化工业的需求。同时，针对催化机理的研究，能够更好地理解催化反应，为将来设计出更高效的双金属催化剂材料提供可靠的理论基础。

参考文献

[1] Shi J L. On the synergetic catalytic effect in heterogeneous nanocomposite catalysts[J]. Chem Rev. 2013, 113 (3): 2139-2181.
[2] 吴越. 催化化学[M]. 北京: 科学出版社, 2000.
[3] Stamenkovic V R, Mun B S, Arenz M, et al. Trends in electrocatalysis on extended and nanoscale Pt-bimetallic alloy surfaces[J]. Nat Mater, 2007, 6: 241-247.
[4] Serpell C J, Cookson J, Ozkaya D, et al. Core@shell bimetallic nanoparticle synthesis via anion coordination[J]. Nat Chem, 2011, 3: 478-483.

[5] Ozturk O, Park J B, Ma S. Probing the interactions of Pt, Rh and bimetallic Pt-Rh clusters with the TiO$_2$(110) support[J]. Surface Science, 2007, 601: 3099-3113.

[6] Singh A K, Xu Q. Synergistic catalysis over bimetallic alloy nanoparticles[J]. ChemCatChem 2013, 5: 652-676.

[7] 刘向文, 王定胜, 彭卿, 等. 双金属纳米材料与催化[M]. 中国科学, 2014, 44(1): 85-99.

[8] 孙世刚, 陈胜利. 电催化[M]. 北京: 化学工业出版社, 2013.

[9] Gasteiger H A, Markovic N, Jr P N, et al. Carbon monoxide electrooxidation on well-characterized platinum-ruthenium alloys[J]. J Phys Chem, 1994, 98(2): 617-625.

[10] Maillard F, Lu G Q, Wieckowski A, et al. Ru-Decorated Pt surfaces as model fuel cell electrocatalysts for CO electrooxidation[J]. J Phys Chem B, 2005, 109(34): 16230-16243.

[11] Watanabe M, Motoo S. Electrocatalysis by ad-atoms: Part II Enhancement of the oxidation of methanol on platinum by ruthenium ad-atoms[J]. J Electrochem Soc, 1975, 60: 267-273.

[12] Watanabe M, Uchida M, Motoo S. Preparation of highly dispersed Pt+Ru alloy clusters and the activity for the electrooxidation of methanol[J]. J Electrochem Soc, 1987, 229(1-2): 395-406.

[13] Yajima T, Wakabayashi N, Uchida H, et al. Adsorbed water for the electrooxidation of methanol at Pt-Ru alloy[J]. Chem Commun, 2003, 828-829.

[14] Maillard F, Lu G Q, Wieckowski A. Ru-decorated Pt surfaces as model fuel cell electrocatalysts for CO electrooxidation. J Phys Chem B, 2005, 109: 16230-16243.

[15] Rolison D R. Catalytic nanoarchitectures: the importance of nothing and the unimportance of periodicity[J]. Science, 2003, 299: 1698-1701.

[16] Ren X, Wilson M S, Gottesfeld S. High performance direct methanol polymer electrolyte fuel cells[J]. J Electrochem Soc, 1996, 143: L12.

[17] Lu Q, Yang B, Zhuang L, et al. Anodic activation of PtRu/C catalysts for methanol oxidation[J]. J Phys Chem B, 2005, 109 (5): 1715-1722.

[18] Long J W, Stroud R M, Swider-Lyons K E, et al. How to make electrocatalysts more active for direct methanol oxidation avoid PtRu bimetallic alloys[J]. J Phys Chem B, 2000, 104(42): 9772-9776.

[19] Shyam B, Arruda T M, Mukerjee S, et al. Effect of RuO$_x$H$_y$ island size on PtRu particle aging in methanol[J]. J Phys Chem C, 2009, 113: 19713-19721.

[20] Wang D L, Lu J T, Zhuang L. Quantitative property-activity relationship of PtRu/C catalysts for methanol oxidation[J]. ChemPhysChem, 2008, 9: 1986-1988.

[21] Zhuang L, Jin J, Abruna H D. Direct observation of electrocatalytic synergy [J]. J Am Chem Soc, 2007, 129: 11033-11035.

[22] Wang Q M, Chen S G, Jiang J, et al. Manipulating the surface composition of Pt-Ru bimetallic nanoparticles to control the methanol oxidation reaction pathway[J]. Chem Commun, 2020, 56: 2419-2422.

[23] Cai Z Y, Bu X M, Wang P, et al. Recent advances in layered double hydroxide electrocatalysts for the oxygen evolution reaction[J]. J Mater Chem A, 2019, 7: 5069-5089.

[24] Tang C, Wang H F, Zhu X L, et al. Advances in hybrid electrocatalysts for oxygen evolution reactions: rational integration of NiFe layered double hydroxides and nanocarbon[J]. Particle & Particle Systems Characterization, 2016, 33(8): 473-486.

[25] 郑尔历. 风电制氢——走出风电并网困局[J]. 风能产业, 2010, 10: 31-32.

[26] Wang J, Cui W, Liu Q, et al. Recent progress in cobalt-based heterogeneous catalysts for electrochemical water splitting[J]. Adv Mater, 2016, 28 (2): 215-230.

[27] Corrigan D A. The catalysis of the oxygen evolution reaction by iron impurities in thin film nickel oxide electrodes[J]. J Electrochem Soc, 1987, 134(2): 377-384.

[28] Corrigan D A, Bendert R M. Effect of coprecipitated metal ions on the electrochemistry of nickel hydroxide thin films: cyclic voltammetry in 1M KOH [J]. J Electrochem Soc, 1989, 136(3): 723-728.

[29] Trotochaud L, Young S L, Ranney J K, et al. Nickel-Iron oxyhydroxide oxygen-evolution electrocatalysts: the role of intentional and incidental iron incorporation[J]. J Am Chem Soc, 2014, 136: 6744-6753.

[30] Corrigan D A. The catalysis of the oxygen evolution reaction by iron impurities in thin film nickel oxide electrodes[J]. J Electrochem Soc, 1987, 134 (2): 377-384.

[31] McCrory C C L, Jung S, Peters J C, et al. Benchmarking heterogeneous electrocatalysts for the oxygen evolution reaction[J]. J Am Chem Soc, 2013, 135: 16977-16987.

[32] Gao M, Sheng W, Zhuang Z, et al. Efficient water oxidation using nanostructured α-nickel-hydroxide as an electrocatalyst[J]. J Am Chem Soc, 2014, 136 (19): 7077-7084.

[33] Trotochaud L, Ranney J K, Williams K N, et al. Solution-Cast metal oxide thin film electrocatalysts for oxygen evolution[J]. J Am Chem Soc, 2012, 134(41): 17253-17261.

[34] Burke M S, Kast M G, Trotochaud L, et al. Cobalt-iron(oxy) hydroxide oxygen volution electrocatalysts: the role of structure and composition on activity, stability, and mechanism[J]. J Am Chem Soc, 2015, 137(10): 3638-3648.

[35] Zou S H, Burke M S, Kast M G, et al. Fe(Oxy) hydroxide oxygen evolution reaction electrocatalysis: intrinsic activity and the roles of electrical conductivity, substrate, and dissolution[J]. Chemistry of Materials, 2015, 27(23):

8011-8020.

[36] Friebel D, Louie M W, Bajdich M, et al. Identification of highly active Fe sites in (Ni, Fe) OOH for electrocatalytic water splitting[J]. J Am Chem Soc, 2015, 137(3): 1305-1313.

[37] Chen J Y C, Dang L, Liang H F, et al. Operando analysis of NiFe and Fe oxyhydroxide electrocatalysts for water oxidation: detection of Fe^{4+} by mössbauer spectroscopy[J]. J Am Chem Soc, 2015, 137(48): 15090-15093.

[38] Ahn H S, Bard A J. Surface interrogation scanning electrochemical microscopy of $Ni_{1-x}Fe_xOOH$ ($0 < x < 0.27$) oxygen evolving catalyst: kinetics of the "fast" iron sites[J]. J Am Chem Soc, 2016, 138(1): 313-318.

[39] Görlin M, Chernev P, Reier T, et al. Oxygen evolution reaction dynamics, faradaic charge efficiency, and the active metal redox states of Ni-Fe oxide water splitting electrocatalysts[J]. J Am Chem Soc, 2016, 138(17): 5603-5615.

[40] Stevens M B, Trang C D M, Enman L J, et al. Reactive Fe-sites in Ni/Fe (oxy)hydroxide are responsible for exceptional oxygen electrocatalysis activity[J]. J Am Chem Soc, 2017, 139(33): 11361-11364.

[41] Görlin M, Chernev P, Reier T, et al. Oxygen evolution reaction dynamics, faradaic charge efficiency, and the active metal redox states of Ni-Fe oxide water splitting electrocatalysts[J]. J Am Chem Soc, 2016, 138(17): 5603-5614.

[42] Li N, Bediako D K, Hadt R G, et al. Influence of iron doping on tetravalent nickel content in catalytic oxygen evolving films[J]. Proceedings of the National Academy of Sciences of the United States of America, 2017, 114 (7): 1486-1491.

[43] Dionigi F, Zeng Z, Sinev I, et al. Discovery of acetylene hydratase activity of the iron-sulphur protein is pH[J]. Nat Commun, 2020, 11, 2522.

[44] 王思, 马嘉苓, 陈利芳等. 双金属氢氧化物催化析氧反应的协同机制研究[J]. 化学学报, 2021, 79: 216-222.

第2章 双金属协同催化体系在燃料电池和氢能中的应用

2.1 直接甲醇燃料电池阳极氧化反应
2.2 直接乙醇燃料电池阳极氧化反应
2.3 直接甲酸燃料电池阳极氧化反应
2.4 氧气析出反应
2.5 燃料电池阴极氧气还原反应

面对日益严峻的能源与环境问题,使用清洁高效的绿色能源来替换化石能源尤为关键。燃料电池具有能量转换效率高、功率密度大、室温启动快、噪声低和零污染等特点,在新能源汽车、轨道交通、航空航天等领域具有广阔的应用前景,被视为21世纪最有前景的新能源技术之一[1]。由于质子交换膜燃料电池(proton exchange membrane fuel cells,PEMFCs)工作温度在100℃以下,在20世纪末取得了很多技术上的突破,成为目前最有可能首先进行大规模商业化的燃料电池之一。如图2-1为质子交换膜燃料电池结构示意图。根据燃料种类的不同,质子交换膜燃料电池又可以分为氢燃料电池、直接甲醇燃料电池、直接乙醇燃料电池、直接甲酸燃料电池等[2]。近年来日本丰田汽车公司成功推出商品化的燃料电池汽车Mirai,其续航里程达到800km,极大地推动了燃料电池的发展。作为燃料电池的重要燃料,氢能是一种清洁、高效的二次能源,是构建未来清洁社会的重要支撑[3]。在众多制氢技术中,利用风能、太阳能等可再生能源产生发电,并通过电解水制备高纯度氢气是最具潜力的制氢路线之一[4,5]。可再生能源发电制氢不仅可以解决能源消纳、加速燃料电池氢能产业化进程,而且是最终实现我国向低碳清洁能源转型的重要途径。

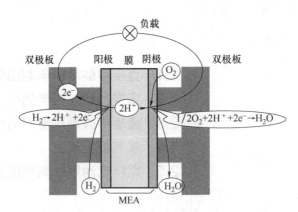

图 2-1　质子交换膜燃料电池结构示意图

尽管燃料电池及电解水制氢具有上述优点,但是很多技术和经济上的难题仍然阻碍着燃料电池的大规模商业化,其中一个关键因素就是催化剂需要用到大量稀缺的贵金属Pt[2,6],其高昂的价格使燃料电池及电解水制氢无法推广使用。在这种情况下，具有低成本、高活性、高稳定性的催化剂的研制显得尤为关键。为了降低催化剂成本，提高催化剂性能，利用 Pt 与其他贵金属或非贵金属形成合金或金属间化合物，或者利用廉价的双金属（过渡金属为主）协同催化，在燃料电池和电解水制氢催化方面得到广泛应用而受到普遍关注。

2.1 直接甲醇燃料电池阳极氧化反应

众所周知，金属 Pt 是甲醇氧化（MOR）反应中有最好催化活性和稳定性的单金属催化剂[7]。但是相对而言，Pt 资源有限、价格昂贵、反应速度慢、氧化过程中易受 CO 等中间产物中毒而失效的缺点严重限制了它的产业化应用。甲醇氧化的过程中会产生 CO_{ads} 等中间产物，占据表面活性位点使电催化性能降低。针对以上问题，在催化剂中加入第二种活性成分（如 Ru）能够有效地缓解 Pt 的毒化，次要组分能有效防止主要催化组分在反应过程中的失活，使得反应能够在较高速率下持续进行，Pt-Ru 双金属阳极催化剂模型为双功能协同模型[8]，即有两个活性中心：①Pt 位点上主要进行的是甲醇吸附、C—H 键活化和甲醇脱质子过程；②另一金属活性中心上则进行水的吸附和活化过程，甲醇氧化产生的 CO_{ads} 与水解离产生的羟基（—OH）反应而使 Pt 的活性位点释放，促进甲醇的继续氧化，其详细机理已在第 1 章进行详细论述，此处不再赘述。

除了 Pt-Ru 双金属催化剂，其他常见的用于 MOR 反应的 Pt 基双金属催化剂主要有：Pt-Ni[9,10]、Pt-Cu[11,12]、Pt-Co[13,14]、Pt-Fe[15,16]、Pt-Zn[17,18]、Pt-Ag[19,20]等过渡金属合金以及 Pt-Au[21,22]、Pt-Os[23]等贵金属合金。由于协同效应和电子效应，第二种金属的介入有效提高了双金属催化剂甲醇氧化的电催化性能。为了进一步利用贵金属，有些双金属催化剂设计成多孔或开放的结构，张桥课题组[9]用水热合成了 Pt-Ni 纳米晶用于 MOR 反应，在 0.5mol/L

H_2SO_4 + 0.5mol/L CH_3OH 水溶液中得到 696mA/mg Pt 的催化活性，如图 2-2 所示，Pt-Ni 纳米晶的尺寸在 7～8nm 且 Pt、Ni 元素分布均一，Pt-Ni 纳米晶保持多孔的结构，因此暴露了更多的催化活性位中心，并进一步提高了催化活性。Ni 元素的均匀加入有效加快催化剂表面 OH_{ads} 脱附速率并有利于 MOR 氧化中间体的氧化。

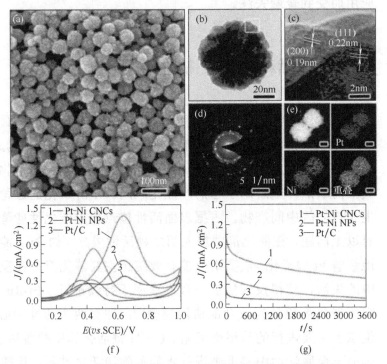

图 2-2 水热法合成的 Pt-Ni 纳米晶的结构与性能表征
（a）SEM 图；（b）和（c）TEM 和 HRTEM 图；（d）SAED 衍射图；（e）Haadf-Stem 扫描透射电子显微镜图及元素分布；（f）在 0.5 mol/L H_2SO_4 + 0.5mol/L CH_3OH 水溶液中 ECSA 归一化的 CV 曲线，扫描速率 100mV/s；（g）ECSA 归一化的 CA 曲线，在 0.63V 保持 3600s

Duan 等[10]采用混合溶剂策略制备了具有高结晶度和开放结构的 Pt-Cu 纳米管催化剂，该催化剂在 0.5mol/L H_2SO_4 + 1.0mol/L CH_3OH 水溶液中对 MOR 具有 2252mA/mg Pt 的高催化活性。Pt-Cu 纳米管由随机取向的开放结构纳米颗粒组成，提供了分子可及的表面且提高了 Pt 的利用率。由于 Pt 和 Cu 的晶格参数不同，Cu 的加入会引入压缩应变，从而降低 Pt 的 d 带中心进而提升 Pt 的抗 CO 能力。此外，在 Pt 基合金中添加钴元素也大大改善了催化剂的催化性能，Baronia 等人制备的 Pt-Co（1∶9）/RGO 催化剂，其电流密度比 Pt/RGO 催化剂提高了 10 倍[14]。电流密度的增加归因于 Pt-Co 纳米颗粒在亲水性 RGO 载体上的良好分散性，这会促进水的活化，并导致 Pt 位点上 CO 的氧化去除。根据双功能机理，Co 促进了 H_2O 的活化，产生更多的 OH^- 离子和其他含氧基团，从而促进 Pt 位点上的中间物种的氧化，其对 CO 催化氧化机理大致与 Pt-Ru 催化过程类似。Gao 等[19]以 Ag 纳米线为模板合成了超细 Pt-Ag 纳米线（壁厚 1nm），如图 2-3 所示，在 N_2 饱和的 0.1mol/L $HClO_4$ + 1.0mol/L CH_3OH 水溶液中，Pt-Ag 合金纳米管对 MOR 的催化活性达到 2.08A/mg Pt，并具有良好的稳定性。通过 CO 溶出和理论计算发现，Pt-Ag 合金纳米管具有较高的 MOR 性能，其中 Pt-Ag 表面对 CO 的结合比 Pt 表面弱得多，具体表现为 Pt-Ag（110）面对甲醇的结合比 Pt-Ag（110）面强，对 CO 的

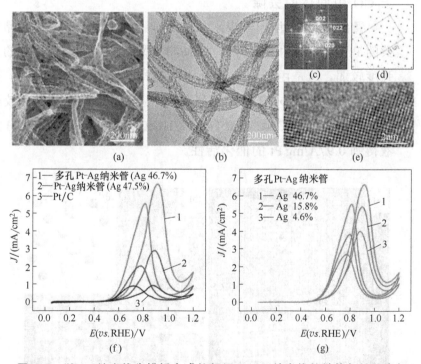

图 2-3 以 Ag 纳米线为模板合成的超细 Pt-Ag 纳米线的结构与性能表征
（a）SEM 图；（b）低分辨透射电镜；（c）相应的傅里叶衍射图；（d）Pt-Ag 纳米管晶格取向；（e）Pt-Ag 纳米管矩形纳米孔边缘的高分辨透射电镜；（f）和（g）Pt-Ag 纳米管的电催化活性

结合比 Pt-Ag（110）面弱。厦门大学谢兆雄课题组等[20]报道用溶剂热法合成了谢尔宾斯基垫片状 Pt-Ag 八面体合金纳米晶。得益于低配位的边/角位、超支化性质可进入性、Ag 修饰 Pt 电子结构的改变以及暴露的（111）面，谢尔宾斯基垫片状 Pt-Ag 八面体合金纳米晶在 0.1mol/L $HClO_4$ + 1.0mol/L CH_3OH 水溶液中获得了 726.3mA/mg Pt 的催化活性。

此外，Pt 还与主族元素如 Ga[24]、Pb[25]、Sn[26]和 Bi[27]等金属形成 Pt 基双金属催化剂。清华大学李亚栋课题组[24]在金属间化合物 Pt_3Ga 表面制备了拉伸应变原子层 Pt（AL-Pt/Pt_3Ga，AL 表示原子层）并研究了其在 0.5mol/L H_2SO_4 + 1.0mol/L CH_3OH 水溶液中对 MOR 的催化性能，结果表明 AL-Pt/Pt_3Ga 展现出优异的催化活性 1.094A/mg Pt，如图 2-4。DFT 计算表明 MOR 在 Pt（100）表面以间接途径，OH^*在拉伸应变原子层表面强烈吸附并有利于 CO^*中间体的去除。

董绍俊课题组[25]一步水热法合成了暴露的（520）高晶面指数的 Pt-Pb 凹型纳米立方体（CNC）（图 2-5）。CO 在 Pt 上的结合强度较弱，这是由于 CO 在 Pt 上的高指数和高活性的优点，因此 Pb 的加入对 CO 有良好的氧化作用，且凹型结构具有较高的 ECSA，使 Pt-Pb CNC 在 0.1mol/L $HClO_4$ 和 0.5mol/L CH_3OH 水溶液得到 0.97A/mg Pt 的催化活性。

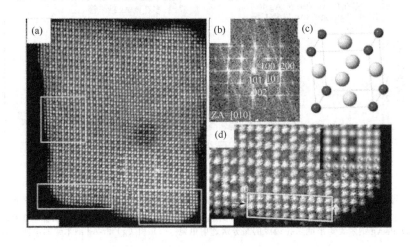

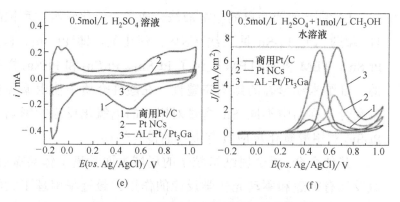

图 2-4 AL-Pt/Pt$_3$Ga 的结构与性能表征

(a) AL-Pt/Pt$_3$Ga 的 HAADF-STEM 图；(b) AL-Pt/Pt$_3$Ga 的 FFT 图；(c) 金属间化合物 Pt$_3$Ga 晶胞单元（深色球为 Ga，浅色球为 Pt）；(d) 高分辨 HAADF 的放大图；(e) 和 (f) 三种催化剂在 (e) 0.5mol/L H$_2$SO$_4$ 溶液和 (f) 0.5mol/L H$_2$SO$_4$ + 1mol/L CH$_3$OH 水溶液中的循环伏安曲线，N$_2$ 吹扫扫描速率 50mV/s

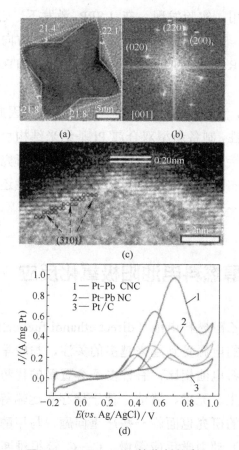

图 2-5 Pt-Pb CNC 催化剂的表征

(a) TEM 图；(b) 相应 FFT 图；(c) HRTEM 图；(d) CV 曲线

Li 等[26]使用简单的湿溶液法合成了一组化学组成可控的新型 1D 超薄二元 Pt-Sn 纳米线（NW）催化剂，即 Pt_9Sn_1、Pt_8Sn_2 和 Pt_7Sn_3。TEM 和 HRTEM 验证了 Pt_9Sn_1、Pt_8Sn_2 和 Pt_7Sn_3 样品的超薄一维纳米线形态的结构完整性。在酸性介质中使用循环伏安法检测合金样品中不同 Sn 含量对甲醇的电氧化反应的影响，发现 Pt_7Sn_3 对甲醇氧化反应具有最佳的催化性能。

其他合金：贵金属纳米粒子的局域表面等离子体共振（LSPR）激发具有加速和驱动光化学反应的作用。最近华南理工大学康雄武课题组[28]报道了 LSPR 激发增强与燃料电池反应相关的电催化作用。该电催化剂由 Pd_xAg 合金纳米管（NTs）组成，它结合了 Pd 对甲醇氧化反应（MOR）的催化活性和 Ag 对可见光等离子体响应的作用。实验发现，在 LSPR 激发下，合金电催化剂 MOR 活性增强，电流密度明显增大，电位向正方向转移。进一步研究表明，MOR 活性的增强主要归因于 Pd_xAg NTs 在 LSPR 激发下产生热空穴。

总之，由于 Pt 的储量少且价格昂贵，因此，提高 Pt 的利用率和稳定性，制备新型双金属 Pt 基纳米结构协同催化剂既必要又迫切。直接甲醇燃料电池的阳极催化剂的研究虽取得了一定的进展，但从实际应用角度考虑，活性和稳定性还有待进一步提高，成本需进一步降低。

2.2 直接乙醇燃料电池阳极氧化反应

直接乙醇燃料电池（direct ethanol fuel cell，DEFCs）作为便携式应用的电源受到越来越多的关注，与较早研究的氢燃料电池和甲醇燃料电池相比，有许多不容置疑的优势，如乙醇能量密度高、可再生、无毒、清洁、便于储存和运输等[29,30]。然而，乙醇燃料电池的研究也面临一些严重问题，与甲醇相比，乙醇阳极反应（EOR）动力学反应缓慢、C—C 键很难断裂、催化剂易中毒等，这些问题限制了乙醇燃料电池的快速发展和广泛应用[31,32]。

质子交换膜直接乙醇燃料电池在相对较低的 pH 值（≤5）下发生，通常在酸性环境下 Pt 基催化剂具有较好的催化活性，原因在于 Pt 在酸性条件下具有相对较好的耐腐蚀性。另外，Pt 的 d 轨道空穴能够促进乙醇的催化氧化。因此，在酸性条件下，直接乙醇燃料电池的阳极催化剂通常为炭载的 Pt 基催化剂，碳-碳键的断裂高度依赖贵金属的表面结构。DFT 计算表明[33]，乙醇完全氧化为 CO_2 对开放的 Pt（100）面比封闭的 Pt（111）面更有利，乙醇中碳-碳键的断裂可以通过在 Pt 表面加入第二种金属 Rh、Sn 或 Ni 来调节中间体的表面吸附，而 Pt-Pd 合金则广泛用于碱性体系，在此过程中进一步增强 Pt 催化剂的脱氢、碳-碳键的断裂以及含碳化合物中间的消除能力。

Pt-Rh 合金是一种很有前途的酸性体系乙醇氧化催化剂[34-36]，2009 年 Adzic 等[34]通过将 Pt 和 Rh 沉积在炭载的 SnO_2 合成了 $PtRhSnO_2$/C，结果表明：Pt 有利于乙醇脱氢，Rh 的加入有利于环状金属氧酸盐（CH_2CH_2O）的形成和 C—C 键的裂解，以及 SnO_2 与水反应形成的 OH 基在 Rh 位为氧化 CO 提供了 OH 物种。Xie 等[35]通过共形沉积 Pt 在缺陷铑纳米线上合成了 Rh@Pt_{nL}（$n = 1 \sim 5.3$）核壳纳米线，如图 2-6 所示，Rh@Pt_{nL} 的活性和选择性较强取决于 Pt 原子层数。较薄的 Pt 层有利于 C—C 键的裂解和对 CO_2 的高选择性，而较厚的 Pt 层则有利于乙酸的生成。得益于 Rh 和 Pt 之间平衡的压缩应变和配体效应，Rh@$Pt_{3.5L}$ 纳米线在 0.2mol/L $HClO_4$ + 0.1mol/L CH_3CH_2OH 电解液中电催化活性达到了 809mA/mg Pt。Huang 等[36]制备了亚纳米 PtRh 纳米线（PtRh NWs），其催化活性为 1.55A/mg Pt，C_2 产物的法拉效率较低（43.4%）。Rh 有利于 α-C 的吸附，相邻 Pt 则吸附 β-C，从而促进了 C—C 键的裂解，提高了 C_1 的选择性。另一方面，Rh 作为一种亲氧金属，提供了大量的 OH_{ads}，可以清除 Pt 上的 CO 等有毒物质。

由于 Rh 也是贵金属，受限于其高成本低丰度，因此研究主要集中在寻找 Rh 的替代物上，其中 Sn 研究较为深入。Abruña 等[37]通过 Sn 在 Pt-Sn 纳米立方体中的浸出，证明了 Pt 壳/Sn 核/Pt

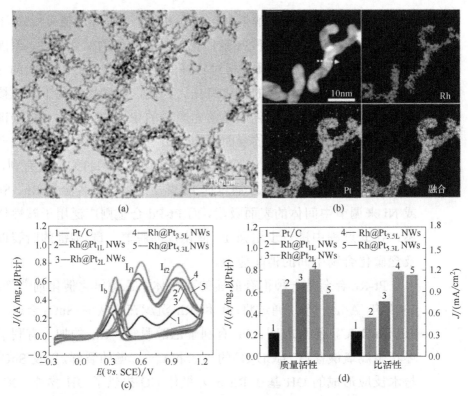

图 2-6 Rh@Pt$_{3.5L}$ 纳米线的(a)TEM;(b)STEM 和 EDS 元素分布;(c)Rh@Pt$_{nL}$ 纳米线在 0.2mol/L HClO$_4$ + 0.1mol/L CH$_3$CH$_2$OH 电解液中的循环伏安曲线;(d)与 Pt/C 催化剂的单位质量活性和单位面积活性对比

表面纳米立方体的形成。受益于表面 Pt(100)的优势有利于乙醇碳-碳键的断裂,以及 Pt-Sn 内部应变、电子效应等增强吸附氧化中间体 CO,Pt 壳/Sn 核/Pt 表面纳米立方体展现出了优异的催化活性和 CO$_2$ 选择性。

Wang 等[38]研究了 Pt$_3$Sn 合金在 0.1mol/L HClO$_4$ + 0.1mol/L CH$_3$CH$_2$OH 中乙醇氧化的催化性能 [如图 2-7(a)~(c)] 所示,研究表明 Pt$_3$Sn/C 表面的 Sn 氧化物的存在可以增强*CH$_x$ 氧化为 *CO,而亚表面金属 Sn 削弱了*CO 的结合并促进了其氧化去除。Pt$_3$Sn/C 中 CO$_2$ 的法拉第效率在 0.55V 时可达 12%,而 Pt/C 的法拉第效率不超过 3%。Sun 等[39]通过在空气中退火 Pt-Sn/NG 制备了负载在氮掺杂石墨烯上的 Pt$_3$Sn-SnO$_2$(Pt$_3$Sn-SnO$_2$/NG)负载型催化剂,在 0.5mol/L H$_2$SO$_4$ + 1mol/L CH$_3$CH$_2$OH 水溶液中,其单

位质量活性为 469mA/mg Pt [图 2-7（d）~（f）]。Pt-Sn/NG 的原位转化使在石墨烯基体中形成精确控制 Pt_3Sn 与 SnO_2 之间的界面，每个 Pt_3Sn 纳米粒子与至少一个 SnO_2 纳米粒子密切接触，保证了 Pt 与 SnO_2 之间的强相互作用。金属锡的加入通过双功能机制和配体效应提高了采收率的活性和稳定性，SnO_2 不仅能在低电位下提供 OH_{ads}，而且由于它们之间的强相互作用改变了 Pt 的电子结构。因此，Pt_3Sn-SnO_2/NG 的催化性能得到了提高。

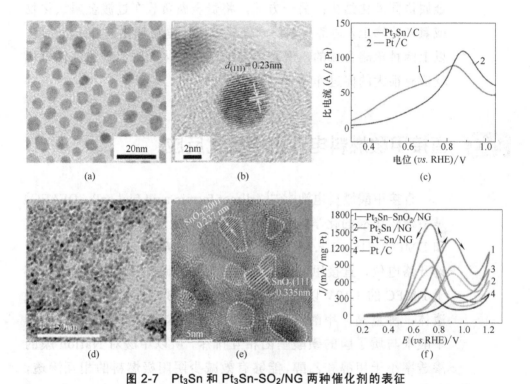

图 2-7　Pt_3Sn 和 Pt_3Sn-SO_2/NG 两种催化剂的表征

Pt_3Sn 的（a）TEM，（b）STEM，（c）在 0.1mol/L $HClO_4$ + 0.1mol/L CH_3CH_2OH 电解液中的极化曲线；Pt_3Sn-SO_2/NG 的（d）TEM，（e）HRTEM，（f）在 0.5mol/L H_2SO_4 + 0.1mol/L CH_3CH_2OH 电解液中的循环伏安

Ni 的加入对 Pt 催化剂催化乙醇氧化也有显著提升作用。Altarawneh 等人[40]通过测量 DEFC 在质子交换膜电解槽中的性能和产物分布，对比 Pt/C 和 Pt-Ru/C 商业催化剂，Pt-Ni/C 催化剂对乙醇的催化效率更佳。Cui 等[41,42]采用热还原法合成了 Pt-Ni 纳米八面体，其单位质量活性是商业 Pt/C 的 10 倍。这是由于在合成

催化剂的过程中，Ni 会被氧化成为 Ni 氧化物，其钝化作用改善了催化剂的耐蚀性能及稳定性。同时，Ni 氧化物促进催化剂在电催化氧化过程中的电荷转移，这在一定程度上改善了催化剂的催化活性。目前，关于 Pt-Ni 催化剂用于乙醇催化的实验研究相对较多，但其理论研究处于起步阶段，催化机理尚不清楚。

总之，提高乙醇燃料电池阳极催化剂的方法主要有两种：一方面，用 Pt 与过渡金属 Rh、Sn、Ni 等金属进行合金化，构建双金属协同催化结构；另一方面，将贵金属负载在过渡金属氧化物或氢氧化物上，制备具有协同催化效应的复合催化剂。研究发现，以上两种策略合成的乙醇燃料电池阳极催化剂对乙醇的催化氧化反应有很大的促进作用。

2.3 直接甲酸燃料电池阳极氧化反应

直接甲酸燃料电池[43,44]（direct formic acid fuel cell，DFAFC）是将液体甲酸的化学能直接转化为电能的一种电化学反应装置。和 DMFC 相比，DFAFC 拥有如下诸多优势：(1) 具有更高的理论开路电位，直接甲酸燃料电池的理论开路电压可达 1.48V，高于 DMFC 的 1.19V 以及氢燃料电池的 1.23V；(2) 甲酸常温下是液体，沸点高，甲酸无毒安全，而甲醇本身有毒；(3) 甲酸的甲酸根与质子膜的磺酸基团相互排斥，所以甲酸对 Nafion 膜的渗透率小于甲醇和乙醇，能够有效减少阴阳极燃料的相互渗透，有助于保护膜电极；(4) 甲酸的氧化速率比甲醇快，而且主要通过脱氢路径进行反应，避免了产生 CO 物种造成催化剂中毒；(5) 可以使用高浓度的甲酸，使用浓度高达 20mol/L 的甲酸溶液，仍然可以达到 DMFC 相同的能量密度；(6) 甲酸本身也是电解质，能够促进阳极的质子传导。基于上述优点，DFAFC 在手机、笔记本电脑、掌上电脑等便携式设备上有广泛的应用，是一种有吸引力的甲醇替代燃料，有巨大的发展前景，很可能率先商品化。

2.3.1 Pt 基双金属催化剂用于甲酸氧化

甲酸氧化是一个两电子转移过程，在氧化过程形成两种不同的机理，目前最为广泛接受的反应机理是：甲酸电氧化可通过直接途径（direct pathway）和间接途径（indirect pathway）进行，也有人提出第三种机理即甲酸盐途径（formate pathway）[45]。直接途径是甲酸通过脱氢反应失去两个质子直接生成 CO_2，这有效避免中间物种 CO_{ads} 的毒化问题，是一种理想化的甲酸电氧化途径。如图 2-8（a）所示，该过程演示了 Pt 催化氧化 HCOOH 形成 Pt-HCOOH 过渡态并进一步失去两个质子形成 CO_2，或中间脱水形成 Pt-CO 中间体并继续形成 CO_2 的过程[46]。Murray 等结合实验和理论计算证实相对于单金属 Pt，Pt_3Pb/Pt 纳米晶能够有效增强甲酸氧化活性[47]。

对于 Pt（111）面，第一步脱氢反应是形成 $COOH^*$，或者与 $COOH^*$ 有相同活化势垒（0.72eV）的 $HCOO^*$，但与 $COOH^*$ 相比，在第二步脱氢过程中 $HCOO^*$ 需要更高的活化势垒（1.23eV $vs.$ 0.71eV），所以稳定的 $HCOO^*$ 中间体占据了大多数活性位中心进而降低了总的化学反应速率。与 Pt（111）面相比，Pt_3Pb/Pt（111）的总（表观）活化能得到有效降低，因此在 Pt_3Pb/Pt（111）电极上，倾向于形成 $COOH^*$ 中间体。对于中间体而言，在催化剂表面太高或者太低的结合力对于催化反应都是不利的，因此中间体与催化剂表面的结合力要调节到合适的值。Quan 等人[46]用 DFT 计算了 Pt-Sn 和 Pt-Bi 合金表面以 $HCOO^*$ 和 $COOH^*$ 为中间体进行甲酸氧化的自由能，结果表明由于 CO^* 形成能低至 0.04eV，相比于脱氢反应，Pt-Sn 合金表面更容易进行脱水反应，因此 Pt-Sn 合金的甲酸氧化活性较低，如图 2-8（b）。而在 Pt-Bi 合金表面 CO^* 形成能非常高，表明 Bi 原子的加入对于提升脱氢途径起到非常重要的作用如图 2-8（c）所示。甲酸在 Pt-Bi 和 Pt-Sn 表面上脱氢的速率决定步骤分别是第一步和第二步脱氢。此外，Herrero 等[48]报道了 Bi 原子修饰的 Pt（111）电极对 FAOR 的电流密度是未修饰表面的 30～

40倍，证明了 Bi 原子的增强机制，并指出铋原子和铂原子都是反应活性位点。HCOO*通过甲酸分子的脱质子作用吸附在 Bi 原子上，然后 HCOO 的 C—H 键在邻近的 Pt 位上被裂解形成 CO_2，因此 Bi 原子在甲酸分子的吸附和甲酸中间体的进一步脱氢过程中起着决定性作用。虽然 Pt 基催化剂通常是通过 CO 途径氧化甲酸，但通过 Bi 的掺杂可以改变反应途径，证明了 Pt-Bi 催化剂的双功能属性。

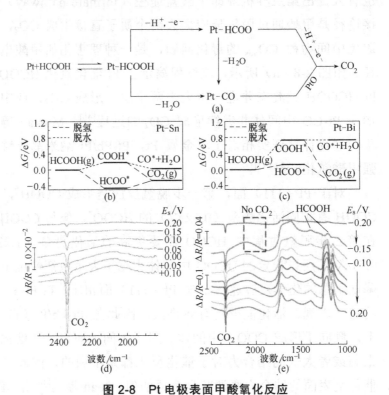

图 2-8　Pt 电极表面甲酸氧化反应

（a）Pt 电极表面甲酸氧化的双路径反应机理；（b）Pt-Sn 合金表面脱氢和脱水过程的自由能变化；（c）Pt-Bi 合金表面脱氢和脱水过程的自由能变化；（d）Pt-BP 和（e）Pt-Pb 纳米催化剂表面甲酸氧化的原位红外光谱

例如，丁基苯基功能化的铂纳米颗粒（Pt-BP）可以极大地抑制 CO 的吸附。电化学原位红外光谱（FTIR）分析结果表明，Pt-BP 催化剂有效阻断了 CO 中毒途径，进而增强了对 FAOR 的电催化活性［图 2-8（d）］[49]。此外，调节金属纳米晶的形貌也可以改变反应途径，如 Pt-Pb 单晶纳米枝晶，该纳米结构显示了优良的 FAOR 活性和抗 CO 中毒能力。在图 2-8（e）中，可以看到三个

HCOOH 特征峰和一个 CO_2 特征峰，说明所制备的单晶结构是通过直接途径氧化甲酸的[50]。因此，改善 FAOR 性能的主要方法包括减弱脱氢势垒、提高反应物分子的吸附强度和消除 CO 中毒。

考虑到大多数 Pt 基催化剂对甲酸氧化是通过间接途径进行的，因此通过添加亲氧性金属和催化剂（近）表面纳米结构可以有效促进 CO 氧化，或通过在较低的电位下提供有效的 OH^* 物种弱化对 CO 中间体的吸附，有助于改善反应速率和电催化性能。Li 等人[51]提出了一种动力学控制方法调整纳米晶体的表面结构，包括立方、凹立方和富缺陷立方合成了 Pt_3Sn 纳米晶。电化学测试证实了富缺陷金属间化合物 Pt_3Sn 具有优异的 FAOR 性能，验证了表面缺陷与催化活性之间的构效关系。为了进一步验证组成与晶体结构的关系，伊利诺伊大学香槟分校杨宏等人[52]合成了不同组成的 fcc Pt-Ag 合金双金属催化剂。经过 700℃ 热处理后，只有 $Pt_{25}Ag_{75}$ 和 $Pt_{51.6}Ag_{48.4}$ 为单相，晶体结构分别为富 Ag 的 fcc 合金和金属间化合物。$Pt_{51.6}Ag_{48.4}$ 具有长程有序堆积，85%在四面体（hcp）上，15%在八面体（ccp）上。当 Pt 含量高于 $Pt_{51.6}Ag_{48.4}$ 时，退火后的双金属分裂为富 Pt 的 fcc 合金和金属间化合物。反之，当 Pt 进料比低于 51.6/48.4 而高于 25/75 时，可获得金属间化合物和富 Ag 的 fcc 合金，$Pt_{51.6}Ag_{48.4}$ 金属间化合物的比活性比 Pt/C 高 29 倍（0.4V $vs.$ RHE）。Xu 等人[53]采用湿化学法合成了 N 掺杂石墨烯负载的 Pt-Au/Pt 金属间核/树枝状壳纳米晶，因其具很大的比表面积以及暴露出更多的活性位中心，Au 的加入改变了 Pt 的反应途径（间接途径）为直接途径，因此该催化剂展现出优异的甲酸氧化活性。

Xia 等人[54]采用湿化学法以及随后的氨气气氛中退火两步法制备了还原氧化石墨烯（rGO）负载的 N-PtTe 金属间化合物纳米颗粒，N-PtTe/rGO 催化剂的 FAOR 活性高于商业化的 Pt/C 催化剂，这是由于其表面的电活性 Pt 原子和 Te 原子之间的协同作用，Te 有助于活化 OH^*，使 Pt 容易氧化 CO_{ads} 物种生成 CO_2。重要的是，N-PtTe/rGO 表现出比 Pt/C 催化剂更优异的长期稳定性。

2007年厦门大学孙世刚课题组在 *Science* 上报道了高表面能的

二十四面体（thh）Pt 催化剂，显著提高了催化剂的催化活性和稳定性[55]。最近，Mirkinet 等人[56]开发了一种有效的合金-去合金形貌控制工艺，制备了一系列单金属和双金属合金 thh 颗粒，并通过模拟和实验对其暴露的（210）晶面进行了研究。他们使用微量元素（如 Sb、Bi、Pb 和 Te）来稳定高晶面指数，在硅晶片或炭载体上合成了 thh 纳米催化剂。如图 2-9（a）所示为所制备的 4 种（thh）Pt 基纳米粒子，粒径约为 500nm，第二种金属的蒸发或脱合金过程是产生近乎完美 thh 粒子的关键。同时，这一固相合成路线也有助于从一些不规则纳米颗粒重建重要的 thh 结构。图 2-9（b）显示 Bi 改性 thh 型 Pt-Bi 纳米粒子暴露面为（210），Bi 的比例为 1.2%。

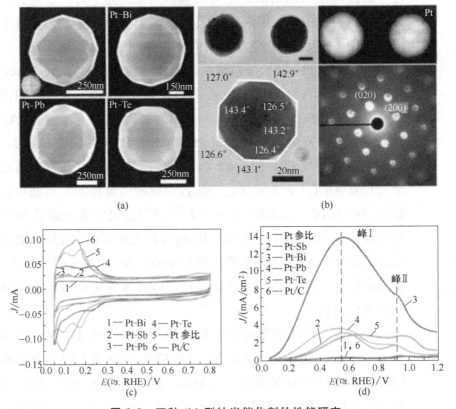

图 2-9　四种 thh 型纳米催化剂的性能研究

（a）thh 型 Pt 和 Bi、Pb、Te 修饰制备 thh 型 Pt 的 SEM 图；（b）Pt-Bi 合金的 STEM、Mapping、TEM 以及衍射图；（c）thh 型 Pt-M（M = Sb、Bi、Pb、Te）、Pt（无外来金属改性）和 Pt/C 在 Ar 饱和 0.5mol/L H_2SO_4 中的循环伏安曲线；（d）上述催化剂的甲酸氧化曲线

众所周知，比表面能的顺序为(111)<(100)<(110)<(210)，但 DFT 计算结果证实，第二种金属改性后这些面的比表面能发生了较大的变化，其中通过改性 Pt(210) 的比表面能最低。在饱和了 Ar 气的 0.5mol/L H_2SO_4 的溶液对上述催化剂进行了电化学测试[图 2-9（c）]，在 0.05～0.3V（vs. RHE）的电位区间显示了 H 的吸附和脱附，其电活性面积并没有得到提升，但与商用 Pt/C 和没有外来金属改性的 Pt 催化剂相比，thh 型 Pt 基双金属催化剂的甲酸氧化性能得到极大的提升［图 2-9（d）]。在甲酸氧化曲线中，峰Ⅰ在～0.5V 时对应甲酸通过脱氢途径的氧化，峰Ⅱ在约 0.9V 时对应 CO_{ads} 通过脱水途径的氧化。在 0.5V 时，thh 型 Pt-Bi 纳米粒子比活性是商业化 Pt/C 催化剂的 20 倍，表明 Bi 对高晶面指数的 Pt(210) 有很好的协同催化作用。

2.3.2 Pd 基双金属催化剂用于甲酸氧化

甲酸在 Pd 表面主要发生直接途径，直接生成 CO_2。而在 Pt 表面会有多步间接途径，因此 Pd 催化剂对甲酸氧化的电催化活性远高于 Pt 催化剂，但 Pd 金属不稳定，容易流失[57]。由于 Pt 金属优异的电催化活性，Pt 首先用于与 Pd 形成双金属甲酸氧化催化剂，Pd-Pt 合金或双金属体系是目前研究最广泛且有效的催化体系之一。由于 Pt 的成本是 Pd 的三倍之多，如果 Pt 被 Pd 取代，那么成本将大幅下降。Li 等人[58]研究了以 3-磺丙基十二烷基二甲基甜菜碱（SB12）为稳定剂，甲醇为还原剂合成了 $Pt_{0.5}Pd_{0.5}/C$，催化剂的分散性能明显由于 tek 型 $Pt_{0.5}Pd_{0.5}/C$ 催化剂，通过对催化剂的性能评价发现由于 Pd 和 Pt 之间可能存在协同作用，使用共沉积法优于顺序沉积法。Baranova 等人[59]以 PVP 为稳定剂以多元醇为还原剂合成了炭载 Pd_xPt_{1-x} 催化剂，发现粒径为 4 nm 的 $Pd_{0.5}Pt_{0.5}$ 催化剂具有更好更为稳定的甲酸氧化活性。此外，Feng 等人[60]也发现了沉积顺序对 Pt-Pd/C 的甲酸氧化电催化活性的影响，发现 Pt+Pd 催化剂由于协同作用，其催化活性和稳定性大大提高。Zhang 等人[61]报道采用乙二胺四乙酸（EDTA）为稳定剂、

以 $NaBH_4$ 为还原剂制备了催化剂 Pd_xPt_{1-x}/C,如图 2-10(a)和(b)所示该催化剂的 TEM 图和粒子尺度分布图,通过优化 $Pd_{0.9}Pt_{0.1}/C$ 催化剂是最佳催化剂,在较多分离出的 Pt 位点上产生 CO 中毒的抑制作用。加州大学伯克利分校杨培东等人[62]首先在十六烷基三甲基溴化铵溶液中采用 $NaBH_4$ 还原 K_2PtCl_4 制备立方体 Pt 纳米颗粒,然后将立方体 Pt 纳米颗粒当作种子,利用维生素 C 还原 K_2PdCl_4,Pd 原子在 Pt(100)晶面堆积形成 Pd 纳米颗粒,如图 2-10(c)和(d)。这种双金属纳米复合材料改变了甲酸催化氧化反应途径,使甲酸所需的催化反应活化能降低。

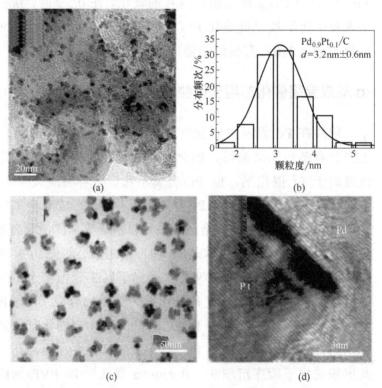

图 2-10 (a)和(b)$Pd_{0.9}Pt_{0.1}/C$ 催化剂的 TEM 图和粒子尺寸分布图;(c)双金属 Pt-Pd NPs 的 TEM 图;(d)双金属 Pt-Pd NPs 的高分辨透射电镜图

Pd 催化剂甲酸氧化活性和稳定性与其化学组成高度相关,通过控制 Pd 与 Ag、Fe、Co、Ni、Cu 等非贵金属过渡金属形成合金来调控 Pd 的电子结构,其甲酸活性不仅可显著增强,贵金属的用量也可以大幅降低。在掺杂金属的选择上，金属 Ag 的掺杂对 Pd 基催化剂性能的提升具有显著的作用，其主要原因是电荷从 Ag 向 Pd 转移，优化了 Pd 的表面电子结构，且由于 Ag 的晶格常数比 Pd 大 5.3%，能够使 Pd 的表面产生拉伸形变。Lu 等人[63]报道了以 PVP 为模板剂并通过一步湿化学方法合成了 Pd-Ag 合金纳米线（NWs），物理化学表征表明其具有大的表面积和活性表面（111）晶面，如图 2-11（a）和（b），与商业 Pd/C 催化剂相比，Pd-Ag 合金纳米线表现出对甲酸氧化更高的电催化活性［如图 2-11（c）所示］，具有更大的氧化电流密度，更高的 CO 中毒耐受能力，更负的起始氧化电位，以及比 Pd/C 催化剂更大的长期稳定性。

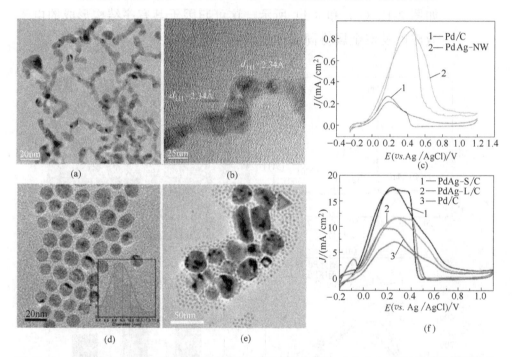

图 2-11 （a）和（b）Pd-Ag 纳米线的 TEM 和 HRTEM 图；（c）Pd-Ag 纳米线的甲酸氧化对比：0.1mol/L $HClO_4$ + 0.5mol/L HCOOH；（d）低浓度前驱体制备的 Pd-Ag 纳米粒子的 TEM 图；（e）高浓度前驱体制备的 Pd-Ag 纳米粒子的 TEM 图；（f）甲酸氧化对比：0.5mol/L H_2SO_4 + 0.5mol/L HCOOH

Sun 等人[64]通过一锅水热共还原法成功制备了不同粒径的 PdAg-L（9.5nm）和 PdAg-S（3.7nm，除去个别特大的纳米粒子）纳米颗粒，通过改变前驱体的浓度可以很容易地控制 PdAg 的粒径，如图 2-11（d）和（e）所示。结果表明，PdAg 的协同作用使其电催化活性和稳定性得到了很好的优化。PdAg-S 的催化活性最高，这可能是由于催化剂的电活性面积（ECSA）比较大，而较低吸附能促进了 HCOOH 分子通过直接途径直接氧化。

Tang 等人[65]开发了一种新型碳载氰凝胶（C@cyanogel）衍生策略来制备 Pd_3Fe/C 金属间化合物，该方法可以有效抑制晶体中 Pd 和 Fe 原子的运动，有利于有序结构的形成，如图 2-12 所示为有序 Pd_3Fe/C 的 XRD 图和 TEM 图。相对于 fcc 型 Pd_3Fe/C（493.9mA/mg）和商用 Pd/C（364.6mA/mg）纳米催化剂而言，金属间化合物 Pd_3Fe/C 表现出较高的电催化活性（696.4mA/mg），如图 2-12（c）和（d）所示，这可归因于其有序结构形成的电子效应以及双金属协同催化作用。

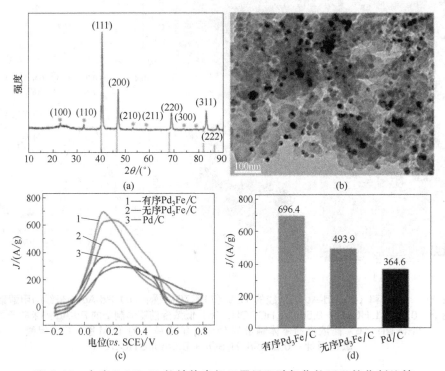

图 2-12 有序 Pd_3Fe/C 的结构表征及用于甲酸氧化的不同催化剂比较
（a）有序 Pd_3Fe/C 的 XRD 图和（b）TEM 图；（c）有序 Pd_3Fe/C、无序 Pd_3Fe/C 以及商品 Pd/C 催化剂的甲酸氧化曲线（质量活性），电解液 0.5mol/L H_2SO_4 + 0.5mol/L HCOOH，扫描速率 50mV/s，以及（d）柱状对比图

康雄武等人[66]发现载体对Pd-Cu双金属催化剂产生协同催化作用，在这个研究中，Pd-Cu合金纳米颗粒与CeO_2纳米棒界面的相互作用和对催化性能的影响可以通过Pd-Cu合金NPs（6.7nm和14.5nm）的尺寸调节。通过TEM、XRD和XPS的表征，观察到CeO_2纳米棒通过CeO_2（220）和Pd-Cu（111）晶面的相互作用诱导Pd-Cu合金纳米粒子产生明显的压缩应变，这进一步拓宽了d-带并降低了Pd-Cu纳米粒子的d-带中心。这些CeO_2负载的PdCu催化剂对甲酸氧化显示出大大增强的催化活性，这归因于Pd-Cu表面Pd氧化物和CeO_2纳米棒上的氧空位的增加以及Pd-Cu双金属协同催化作用。此外，美国布朗大学孙守恒[67]等人通过溶剂热法PdM（M = Co, Cu）合金纳米催化剂，通过甲酸氧化实验和稳定性实验测试，$Co_{50}Pd_{50}$表现出非常高的甲酸催化氧化活性和较好的抗CO毒化能力。

总之，通过将非贵金属掺杂在Pt、Pd催化剂中设计合成Pt-M型和Pd-M型双金属催化剂，不仅提升了贵金属的利用率，而且第二种金属的引入可以调整催化剂的电子结构，晶面间距也可能有效地拉伸或收缩，加上双金属组分间的协同催化作用，从而有效提高了电催化活性。尽管一些双金属催化剂对阳极甲酸电催化氧化表现出了很好的活性，但仍然不能满足直接甲酸燃料电池的实际应用，特别是其稳定性，合金中Pd、Fe、Co、Ni、Cu等过渡金属在电化学环境中的容易析出流失，结果不仅导致催化性能的衰减，也会导致质子交换膜的毒化。

2.4 氧气析出反应

由风能、潮汐能和太阳能等可再生能源发电驱动电解水作为一种高效清洁技术在各种制氢技术中脱颖而出，被认为是通向氢经济的最佳途径。整个电解水的过程可以分为两个半电池反应，即析氢反应（hydrogen evolution reaction, HER）和析氧反应（oxygen evolution reaction, OER）。由于OER经历四个电子的转移，OER 需要比 HER（两个电子转移）更多的能量输入。与 HER 相比，大多数 OER 催化剂有更高的过电位，会导致 OER 反应变慢，进而明显降低整个反应的效率。因此，需要开发具有低过电位且稳定有效的 OER 催化剂。目前，Ru 和 Ir 基材料是 OER 的最有效催化剂，然而其高成本和稀缺的催化剂限制了电解水的实际应用。近年来过渡金属（如 Fe、Co、Ni）基催化剂已被广泛研究，人们发现两种金属的组合对 OER 有更高的电催化性能。与其他双金属电催化剂（Ni-Co 基、Ni-Mn 基、Co-Fe 基等）相比，Ni-Fe 基催化剂在 OER 中表现出优异的性能。有趣的是，在地球上 Ni 和 Fe 总是一起被发现，$Ni(OH)_2$ 电极中的痕量 Fe 可以极大地提高 $Ni(OH)_2$ 的 OER 性能，Ni 和 Fe 之间存在明显的协同催化作用，到目前为止，$NiFeO_xH_y$ 拥有最好的 OER 催化性能。Ni-Fe 双金属协同催化作用在第 1 章已经有详细介绍，下面重点介绍非 Ni-Fe 双金属催化剂在 OER 反应中的研究进展。

2.4.1 Fe-Co 基双金属催化剂

掺杂 Fe 的 Co 基（氧）氢氧化物是催化 OER 最有效的催化剂之一，阐明 Fe 在其中的作用机理有利于设计出更高效的 OER 催化剂。Enman 等人[68]通过实验和理论计算证明了高价 Fe 在 $CoFeO_xH_y$ 催化 OER 时起着重要作用。该反应是通过铁基活性中心进行的，在发生决速步前有一个氧化态高于+3 价的 Fe 中间体 [如图 2-13（a）和（b）]，从而进一步支持了氧化铁物种参与 $Co(Fe)O_xH_y$ 水氧化催化的假说。

然而，也有研究表明，一般 Co-Fe 基催化剂中 Co 是 OER 的活性中心，但在 OER 测试过程中形成的 CoOOH 通常会使导电性能下降，从而影响催化剂的活性和持久性。因此，Kong 等人[69]制备了一种金属/氧化物/氢氧化物分层结构的高效催化剂——$FeLDH(FeCo)/Co(OH)_2$ [图 2-13（c）]。一方面，将 FeLDH 中的 Fe^{3+} 掺入到 $Co(OH)_2$ 的表面边缘和（或）缺陷上，从而可以形成协同界面，作为有效的活性区域；另一方面，Fe-Co 合金具有丰富的自由电子，可以补充 Co^{2+} t_{2g} d 轨道，优化 FeLDH(FeCo)/$Co(OH)_2$ 的电子结构，从而满足 Sabatier 原理的 O 吸附/脱附条件，加速析氧反应动力学。此外，优化后的 FeLDH(FeCo)/$Co(OH)_2$ 界面费米表面能有利于提高催化剂的稳定性。Dionigi 等人[70]发现对于 Fe-Co LDH 来说，其决速步不同于 Ni-Fe LDH，为 OOH^* 去质子化形成 O_2（g）和空位。两个邻近金属位的协同作用和 Fe 的灵活电子结构，稳定了 CoFe LDH 中的 O 空位，提高了 OER 活性。另外，密度泛函理论（DFT）模拟证实了 Co 原子的干预使得 FeCo@C 在 HO^* 自由基的吸附上比 Fe@C 弱 [图 2-13（d）]，从而降低了反应所需的过电位[71]。

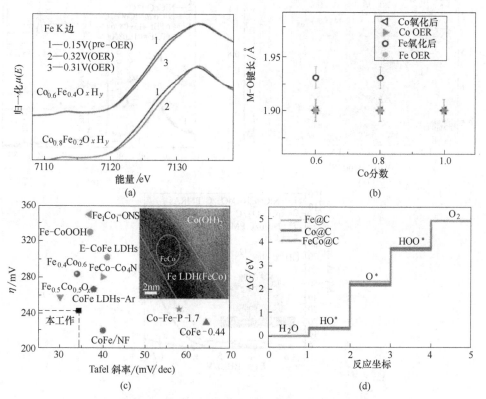

图 2-13　Fe-Co 基双金属催化剂催化 OER 反应

(a) Fe K 边 XANES 的 Operando 光谱；(b) $Co(Fe)O_xH_y$ 薄膜的 M—O 键长度；(c) Fe LDH(FeCo)/$Co(OH)_2$-2 在 10mA/cm^2 时的过电位和 Tafel 斜率比较（插图为 Fe LDH(FeCo)/$Co(OH)_2$-2 的 HRTEM 图）；(d) FeCo@C 在零电位（U = 0V）下的 OER 自由能剖面

2.4.2 Ni-Co 基双金属催化剂

添加少量的 Ni 会诱导产生协同效应，从而有效地调节 Co-Ni 合金中 Co 的电子结构，显著提高电荷转移能力，改善 Co-Ni 合金的 OER 本征活性[72,73]。在碱性电解液中，Ni-Co 合金纳米颗粒表面会形成氧化物/氧氢氧化物，提供更多的电化学活性中心[74]。Bajdich 等人[75]通过理论计算发现在 β-CoOOH（10$\bar{1}$4）面上，镍离子可以将 OER 过电位降低到 0.36V，且增加 Ni 含量有利于提高 Ni$_y$Co$_{1-y}$O 的 OER 活性 [图 2-14（a）]。

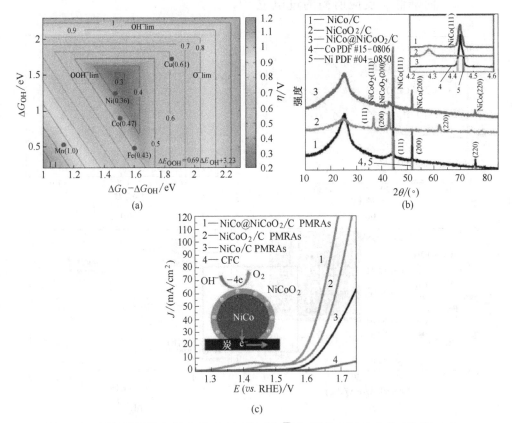

图 2-14 不同金属掺杂的 β-CoOOH 的（10$\bar{1}$4）面的理论过电位 2D 图（a）；NiCo@NiCoO$_2$/C PMRAs、NiCo/C PMRAs、NiCoO$_2$/C PMRAs 的 XRD 图（b）以及 LSV 曲线（c）

与普通的单金属氧化物相比，（如 $NiCo_2O_4$、$NiCoO_2$）由于元素不同价态之间的电子跳跃以及 Co^{3+}/Co^{2+} 和 Ni^{3+}/Ni^{2+} 的固态氧化还原电子对的存在，双金属 Ni-Co 氧化物具有很高的电催化活性[76,77]。另外，与尖晶石结构的镍基和钴基电催化剂相比，NaCl型结构的材料在 OER 过程中更容易原位形成层状氢氧根/氧-氢氧根 [图 2-14（b）]，从而有效催化 OER。同时，由于肖特基势垒（$NiCoO_2$-NiCo）的形成有利于电荷分离 [图 2-14（c）]，所以显著加快了 OER 反应，降低其过电位[78]。

2.4.3 Ni-Al 和 Ni-Cr 双金属基催化剂

OER 在碱性环境中的腐蚀性问题严重阻碍了其应用。因此，Han 等人[79]将耐腐蚀的多相 Ni_3Al 基金属间化合物（例如：Ni_3Al 合金）用于 OER 反应，通过改变由 γ/γ′晶格失配引起的应变效应以及酸氧化引起高价 Ni 活性位点的自发形成来提高 OER 催化活性。在碱性 NaOH 溶液中测试时部分 Ni_3Al 合金中的 Al 会溶解，有利于活性位点的暴露，且由于 Ni 和 Al 之间存在共价键，Ni_3Al 合金 Ni 层外的 Al_2O_3 层起到保护作用，使得催化剂有着良好的稳定性 [图 2-15（a）]。

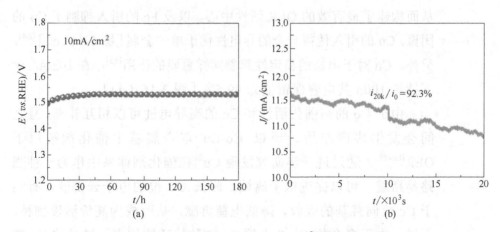

图 2-15 1160℃退火后的 Ni_3Al 在 $10mA/cm^2$ 的计时电位曲线（a）；CoCr（9∶1）@NGT 在 $11.5mA/cm^2$ 时的稳定性测试（b）

此外，Sarkar 等人[80]对此问题也做出了相关研究。他们发现将 Cr 掺入形成 CoCr 纳米结构，一方面稳定了 Co 的 d 带中心偏移而形成的中间体的表面吸附能，另一方面减小了 Cr(Ⅲ)的电子云密度，使催化剂更具有亲电性，从而促进水的亲核加成。Cr 的耐腐蚀性能以及被改善的催化位点，使得 CoCr@NGT 催化剂在碱性电解液中保持长期稳定并具有非常高的活性 [图 2-15（b）]。

2.4.4 Cu 掺杂的 Ni、Fe、Co 双金属基催化剂

研究表明，过渡金属的析氧过电位与 OH⁻ 中间体的吸收焓呈线性关系[81]。如图 2-16（a）所示，与 Ni 相比，Cu 的过电位 η 更低，OH⁻ 吸收焓更高，被认为其 OER 性能可能更好，但事实并非如此，这可能是因为 Cu 存在的电子多于 d^8。但是，将 Cu 掺入到 Ni 合金中，其 OER 性能明显改善，相比纯 Ni 电极降低了 45mV[14,82]。此外，在研究 Ni-Cu LDH 时还发现，Cu 的引入会激活 Ni^{2+} 位点周围的部分电荷转移，使得活性位点 Ni^{3+} 增加为 $Ni(OH)_2$ 的两倍，从而有效提高 OER 活性 [图 2-16（b）][83]。

研究发现，Cu-N/C 本身几乎没有催化活性，与 Fe 合金化后，Fe/Cu-N 催化剂的孤对电子有利于与反应物（如 H_2O）相互作用，从而构建了最有效的 OER 活性中心，以及 Fe 的引入抑制了 Cu 的团聚，Cu 的引入使得合金的导电性优于单一金属 [图 2-16（c）][84]。另外，Cu 对于电极的稳定性起着同样重要的作用[85]：在 $10mA/cm^2$ 下持续 100h 其电容保留值为 99.5% [图 2-16（d）]。

由于 Co 的高催化活性和 Cu 的高导电性可以相互补充，且之间会发生协同作用，所以 Co-Cu 双金属基电催化剂被用于 OER[86-88]。通过进一步研究发现 Cu^{2+} 在催化剂体系中作为一种强路易斯酸，可以促进电子离域，降低 Co 位的电子云密度，有利于 Co 位向羟基的吸收，降低电荷贡献，从而成为高价活性物种。不过，由于多余的 Cu 会占据 Co 物种的活性位点，过量的 Cu 掺杂会使 OER 活性降低，因此要选择合适的 Cu 掺杂量[89]。

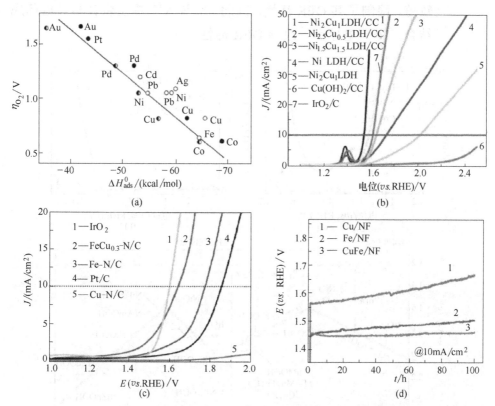

图 2-16 析氧过电位与 OH^- 吸附焓（ΔH_{ads}^0）的关系（a）；Cu 掺杂催化剂的 LSV 曲线（b、c）Cu/NF、Fe/NF 和 $Cu_{0.50}Fe_{0.50}$/NF 的计时电位曲线（d）

2.4.5 其他双金属基催化剂

Ni/Co 基氧化物（氢氧化物）导电性极差，近似于绝缘体，极大地影响了其 OER 活性。Cr^{3+} 阳离子由于具有特殊的电子构型（$t_{2g}^3 e_g^0$），有利于电荷转移和电子捕获，因此，有人提出将 Cr^{3+} 掺杂到 $Ni(OH)_2$ 或 $Co(OH)_2$ 中［图 2-17（a）和（b）］。同时，OER 反应过程中，Cr^{3+} 离子容易被氧化为更高的氧化态，从而对水氧化活性物质（如 Co 或 Ni 位点）产生有利影响[90,91]。Zhao 等人[92]根据密度泛函理论（DFT）计算和实验结果表明，δ-MnO_2 衍生的 Mn^{3+} 是催化 OER 的高活性位点，因此推测 Ni-Mn LDH 可能是良好的 OER 电催化剂。这与 Diaz-Morales 等人[93]的计算结果相一致［图 2-17（c）］。但是，Ni-Mn LDH 的电导率较差,限制了其 OER 活性。因此 Ma 等人[94]提出将其与导电基底结合,提高电导率,改善 OER 活性。

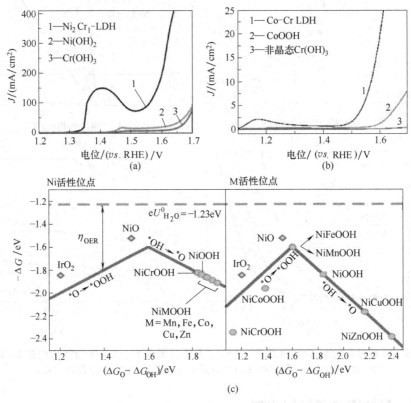

图 2-17 Cr 掺杂催化剂的 LSV 曲线(a、b);掺杂的不同金属对 Ni 位的影响以及掺杂剂在 NiOOH 晶格中的活性(c)

由于 Mo 的协同效应,Ni-Mo 合金的本征 OER 电催化活性得以提高[95]。后来,Zhao 等人[96]研究了 $NiMoO_4$,发现 MoO_3 本身不具有催化活性,但其在 $NiMoO_4$ 中与 Ni 的协同效应促进了 Ni(Ⅱ)向活性物种 Ni(Ⅲ)的转变。

催化剂的表面粗糙度对 OER 性能也有着很大的影响。Ni-Sn 合金的本征活性不如纯 Ni,但 Sn 的引入增强了催化剂的表面粗糙度,使得电化学活性表面积增加,因此对 OER 表现出比纯 Ni 更高的表观催化活性和稳定性[97]。另外,通过电化学腐蚀 Co-Zn 合金制备的 CoO-ZnO 催化剂,在反应过程中 Zn 的选择性溶解和

Co 的氧化显著提高了电化学活性表面积，为 OER 提供了丰富的活性位点且有利于反应物/产物的扩散[98]。

总之，除 Ni-Fe 基催化剂外，许多其他的双金属基催化剂通过协同效应，改变电子结构，增加活性位点，也具有优于单金属，可与 Ni-Fe 基催化剂相媲美的 OER 活性。此外，适当金属的掺杂还有利于提高催化剂在碱性电解液中的耐腐蚀性能，延长催化剂寿命。

2.5 燃料电池阴极氧气还原反应

燃料电池的阴极氧气还原反应（oxygen reduction reaction，ORR），其动力学比在阳极上发生的氢氧化的动力学大约要慢六个数量级，过电位很高（即使小电流密度下过电位也达到 300～400mV），动力学过程非常缓慢。目前有特殊电子属性的 Pt 金属具有最高的催化活性，并成为目前最广泛使用的 ORR 催化剂[99,100]。ORR 反应一般认为存在两种路径，如图 2-18 所示[101,102]，过程（a）为直接四电子过程，O_2 在催化剂作用下直接生成 H_2O，主要包含的反应步骤如下（以酸性介质为例）：

$$O_2 \longrightarrow {}^*O_2$$
$$^*O_2 + e^- + H^+ \longrightarrow {}^*OOH$$
$$^*OOH + e^- + H^+ \longrightarrow {}^*OH + {}^*OH$$
$$2^*OH + 2e^- + 2H^+ \longrightarrow 2H_2O$$

过程（b）是间接二电子过程，氧气在催化剂作用下先生成 HO_2，HO_2 再继续得电子生成 H_2O_2，主要包含的反应步骤如下（以酸性介质为例）：

$$O_2 \longrightarrow {}^*O_2$$
$$^*O_2 + H^+ + e^- \longrightarrow {}^*HO_2$$
$$^*HO_2 + e^- + H^+ \longrightarrow H_2O_2$$

理论和实验发现，氧还原以直接四电子过程进行时有着较高的工作电势和效率[102]，同时还能避免二电子过程产生的 H_2O_2 对

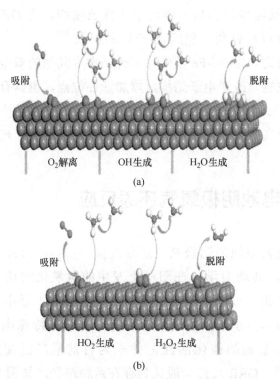

图 2-18 直接四电子完全氧还原过程（a）和间接二电子
部分氧还原过程（b）[101,102]

质子交换膜的负面影响，因此四电子过程被认为是更有效的氧还原过程[103,104]。DFT 计算表明，含氧中间体与催化剂表面之间的结合能与 ORR 的催化效率有关[105,106]。Sabatier 原则认为，催化剂与主要中间体之间的相互作用应该适宜，既不能太弱也不能太强。著名科学家 Norskov 研究发现，不同金属表面发生的 ORR 反应活性之间存在着显著差异，有的比较低，有的比较高，有的达到最大值，显示出了一个如图 2-19 所示的"火山图"曲线[107]。除了纯金属，Pt 与过渡金属形成合金可以进一步增强催化剂活性，这种趋势由 Greeley 等人[108]证实并绘制出了另一幅火山图，表明了 0.0～0.4eV 更弱的氧吸附能表面 Pt（111）面催化活性更好，比 Pt 弱 0.2eV 是最优面，因此人们更多地在努力开发比 Pt 氧吸附能高 0.2eV 的催化剂以改进氧气还原动力学，实现这一途径的有效方法就是实现 Pt 基双金属协同催化剂。

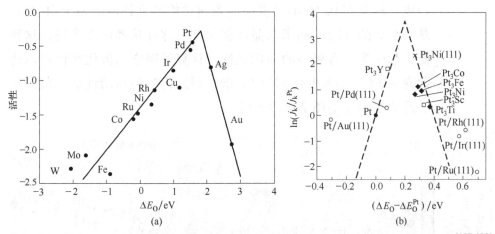

图 2-19 纯金属(a)和 Pt-过渡金属合金(b)的氧还原活性与对氧气的结合能火山图[107,108]

"火山图"顶部的 Pt 基合金与氧的结合强度最佳,有着最高的 ORR 活性;"火山图"上升段的 Pt 基合金与氧的结合太强而不能进一步活化 ORR;"火山图"下降段的金属与氧的结合太弱而又不足以活化,这一结论正好与 Sabatier 原则相符合。

2.5.1 双金属 Pt-Ni 合金催化剂

Pt-M(Ni、Fe、Co、Cu 等)合金中过渡金属 M 对贵金属 Pt 会产生多种效应,如配体效应、应力效应和几何效应,使得 Pt 原子 d 带中心偏离本征费米能级,从而改变 Pt 的电子结构,最终实现 Pt 催化活性的调控。同时,加入相对廉价的过渡金属 M 与 Pt 形成合金,不仅可以提高催化剂的活性,还可以降低 Pt 的使用量[109]。2007 年,Stamenkovic 课题组在 Science 杂志上报道的一个巨大发现引起了科研界对铂镍合金纳米晶的形貌调控课题的广泛研究[110]。他们发现,经 1000℃ 热处理后 Pt_3Ni(111)单晶表面的催化活性急剧增加,达到了 Pt(111)单晶表面的 10 倍之多[如图 2-20(a)]。这是因为,高温退火使表面能较低的 Pt_3Ni(111)单晶表面出现了最外层富铂、次外层富 Ni 的表面偏聚现象,在这种独特的表面偏聚结构和(111)表面几何结构的双重影响下,Pt_3Ni(111)单晶表现出极高的催化活性。因此,研究者们设想[111,112],

合成一种具有 Pt_3Ni 单晶表面的表面结构并且外表面完全由（111）晶面组成的 Pt-Ni 纳米八面体催化剂，这样从理论上来讲，这种催化剂应当具有极高的催化活性，计算表明它的催化活性可以达到商品 Pt/C 纳米催化剂的 90 倍，因此为制备高活性催化剂提供了新的思路［如图 2-20（b）］。

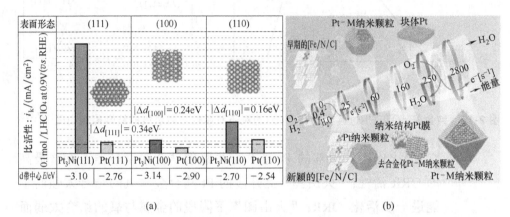

图 2-20 （a）Pt_3Ni 单晶（111）、（100）和（110）面对氧还原反应的催化活性比较；（b）几种典型的 ORR 电催化剂的结构和催化活性，包括非贵金属 Fe/N/C 催化剂、传统 Pt-M 合金催化剂、Pt-M 核壳催化剂，而 Pt-M 纳米八面体催化剂被认为是最理想的、具有最高催化活性的 ORR 催化剂

基于上述突破性进展，Pt-Ni 纳米八面体的制备研究得到了空前的研究热情。美国宾汉姆顿大学方继业课题组首次合成出 Pt_3Ni 纳米八面体颗粒并用于 ORR 反应中[113]，还原剂使用 $W(CO)_6$，表面活性剂选用油胺/油酸，溶剂选用苄醚，结果表明正八面体 Pt_3Ni［（111）面主导］远高于正六面体 Pt_3Ni［（100）面主导］。2011 年杨宏课题组同样合成出了正八面体和正六面体 Pt_3Ni 及其他不同比例的 Pt-Ni 合金（如图 2-21 所示）[114]，他们采用了新的气体还原剂 CO，正八面体 Pt_3Ni 的活性要优于正六面体 Pt_3Ni，正八面体 Pt_3Ni 的 ORR 活性得到进一步提升。但是上述方法合成得到的纳米粒子，由于表面的活性剂难以去除，因此它们的催化活性并没有得到很大提升。

2012 年 Carpenter 等人[115]报道了在合成过程中不加入任何表面活性剂，以 DMF 作为溶剂和还原剂合成表面清洁的 Pt_3Ni 和

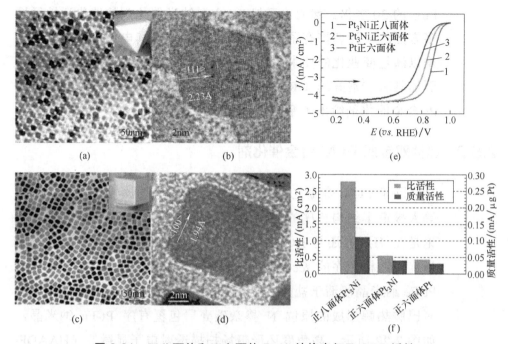

图 2-21　正八面体和正六面体 Pt₃Ni 结构表征及 ORR 活性

（a）和（b）正八面体 Pt₃Ni 高分辨透射电镜；（c）和（d）正六面体 Pt₃Ni 高分辨透射电镜；（e）和（f）ORR 活性对比

PtNi 纳米八面体的方法，使得催化剂的活性有了大幅度提升，达到 0.7A/mg Pt。在这一方法的基础上，Peter Strasse 课题组经过调控实验参数，得到了催化性能更好的 PtNi 纳米八面体，它的尺寸更均匀、表面更富铂[116,117]。同时，夏幼南课题组通过其他方法去除了油胺/油酸难以清除的影响，他们选用的溶剂为二苄醚，并辅以醋酸清洗，由此使得催化剂的质量活性提高到了 3.3A/g Pt[118]。

到目前为止，通过 Pt-Ni 纳米八面体表面清洁化、表面成分优化等方法的尝试后，Pt-Ni 合金纳米多面体已具有了较高的催化活性。除此之外，各研究小组先后开发出具有特殊结构的 Pt-Ni 合金纳米催化剂，例如纳米框架、纳米笼及纳米线等结构，它们均具有较高的 Pt 利用率。如采用 Pt-Ni 菱形十二面体为前驱体和化学刻蚀的方法，Chen 等人[119]制备出具有十二面体结构的 Pt-Ni 纳米框架结构并具有较高的催化活性（5.8A/mg Pt），提升到商业

Pt/C 的 30 多倍。然而，虽然 Pt 合金纳米催化剂的催化活性经过多方面的设计调控有了数十倍的提升，但是其电催化稳定性仍然难以满足商业化的要求。近来有报道[120]称 Mo-Pt-Ni 三元纳米八面体具有非常好的 ORR 活性和稳定性，为发展新型高稳定性的 Pt 合金催化剂给出了希望。

2.5.2 其他双金属 Pt-M 合金催化剂

除了 Pt-Ni 合金之外，Pt-Fe 合金也研究的比较多。例如，Sun 等人报道了结构有序的 PtFe/C 催化剂的 ORR 活性，研究表明无论是在 H_2SO_4 还是 $HClO_4$ 电解质溶液中，fct-PtFe/C 催化剂要明显优于结构无序的 fcc-PtFe/C 催化剂[121]。Chung 等人[122]将无序 Pt-Fe 纳米晶浸渍于盐酸多巴胺溶液中，然后经 700℃ 热退火得到多巴胺热解形成的原位 N 掺杂碳壳层包覆有序 Pt-Fe 纳米晶，如图 2-22 所示。高角度环形暗场扫描透射电子显微镜（HAADF-STEM）和快速傅里叶变换（FFT）分析证实了有序相的形成。材料特性测试表明，Pt-Fe 纳米晶的大小比较均匀，其粒径约为 6.5nm；而未经碳壳层包覆的纳米晶的尺寸大小不一，平均粒径约为 10nm；对比分析说明聚合物包覆可以有效地阻止热退火处理过程中纳米晶的聚集。另外，碳壳层含有大量的孔结构，有利于反应物种与活性位点的接触，从而有效提高了催化活性。

王得丽等人[123]通过浸渍-还原方法开发了一种高度有序、纳米颗粒表层覆盖有 2~3 个 Pt 原子厚的 Pt_3Co 金属间化合物催化剂，与无序的 Pt_3Co 合金催化剂相比，该催化剂不仅质量比活性增加了 200%，而且在经受 5000 圈的稳定性测试后，其活性几乎没有发生衰减，表现出优异的稳定性。结合形貌调控和核壳结构，可有效增强应变效应，促进催化性能的提升。王得丽等人[124]通过该方法还制备了有序 Cu_3Pt 纳米晶，后续通过电化学和化学方法去合金，分别得到了内核为 Cu_3Pt、外壳为 Pt 的核壳结构和含大量孔洞的海绵状无序结构催化剂。由于表面应变和大量电化学活性中心的生成，这两种去合金化方法都显著提高了 ORR 的

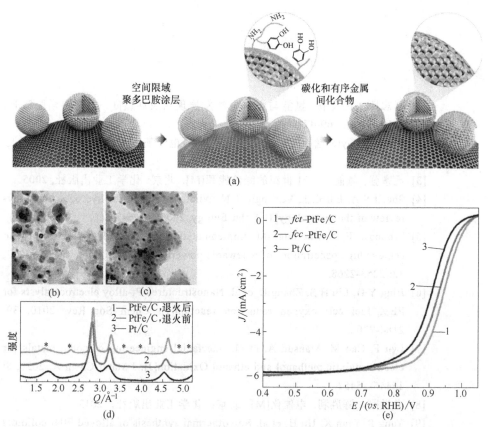

图 2-22 （a）结构有序的 fct-PtFe/C 催化剂的合成示意图；（b）PtFe/C 纳米颗粒的 TEM 图（无多巴胺 700℃退火）；（c）PtFe/C 纳米颗粒的 TEM 图（多巴胺 700℃退火）；（d）高分辨粉末衍射图；（e）三种催化剂的 ORR 性能对比，工作电极旋转圆盘电极，转速 1600r/min

质量活性与比活性，且相对于 Pt/C 具有更高的稳定性，这对寻找高活性、高稳定性和低成本的 ORR 电催化剂具有一定的指导意义。

总之，加入相对廉价的过渡金属 M 与 Pt 形成合金，不仅可以降低 Pt 的使用量，还可以提高催化剂的活性。目前，Pt 合金纳米催化剂的催化活性经过多方面的设计调控有了数十倍的提升，但是它的电催化稳定性仍然难以满足美国能源部的要求。第三种元素的加入形成 Pt-Ni-M 显著提升了催化剂的活性稳定性，为 Pt 合金纳米催化剂的商业化应用带来了曙光。

参考文献

[1] 邵志刚，衣宝廉. 氢能与燃料电池发展现状及展望[J]. 中国科学院院刊，2019, 34(4): 469-477.

[2] Ryan O'Hayre 著，王晓红，黄宏译. 燃料电池基础[M]. 北京：电子工业出版社，2010.

[3] 毛宗强. 氢能——21世纪的绿色能源[M]. 北京：化学工业出版社，2005.

[4] Sherif S A, Barbir F, Veziroglu T N. Wind energy and the hydrogen economy-review of the technology[J]. Solar Energy, 2005, 78: 647-660.

[5] Troncoso E, Newborough M. Implementation and control of electrolysers to achieve high penetrations of renewable power[J]. Int J Hydrogen Energy, 2007, 32: 2253-2268.

[6] Bing Y H, Liu H S, Zhang L, et al. Nanostructured Pt-alloy electrocatalysts for PEM fuel cell oxygen reduction reaction[J]. Chem Soc Rev, 2010, 39: 2184-2202.

[7] Lyu F, Cao M, Mahsud A, et al. Interfacial engineering of noble metals for electrocatalytic methanol and ethanol Oxidation[J]. J Mater Chem A, 2020, 8: 15445-15457.

[8] 孙世刚，陈胜利. 电催化[M]. 北京：化学工业出版社，2013.

[9] Yang P, Yuan X, Hu H, et al. Solvothermal synthesis of alloyed PtNi colloidal nanocrystal clusters (CNCs) with enhanced catalytic activity for methanol oxidation[J]. Adv Funct Mater, 2018, 28: 1704774.

[10] Li M, Duanmu K, Wan C, et al. Single-atom tailoring of platinum nanocatalysts for high-performance multifunctional electrocatalysis[J]. Nat Catal, 2019, 2: 495-503.

[11] Kwon T, Jun M, Kim H Y, et al. Vertex-reinforced PtCuCo ternary nanoframes as efficient and stable electrocatalysts for the oxygen reduction reaction and the methanol oxidation reaction[J]. Adv Funct Mater, 2018, 28: 1706440.

[12] Li H H, Fu Q Q, Xu L, et al. Highly crystalline PtCu nanotubes with three dimensional molecular accessible and restructured surface for efficient catalysis[J]. Energy Environ Sci, 2017, 10: 1751-1756.

[13] Xia B Y, Wu H B, Li N, et al. One-pot synthesis of Pt–Co alloy nanowire assemblies with tunable composition and enhanced electrocatalytic properties [J]. Angew Chem Int Ed, 2015, 54: 3797-3801.

[14] Baronia R, Jyoti G, Shraddha T, et al. Efficient electro-oxidation of methanol using PtCo nanocatalysts supported reduced graphene oxide matrix as anode

for DMFC[J]. Int J Hydrogen Energy, 2017, 42: 10238-10247.

[15] Xu C X, Li Q, Liu Y Q, et al. Hierarchical nanoporous PtFe alloy with multimodal size distributions and its catalytic performance toward methanol electrooxidation[J]. Langmuir, 2012, 28, 3: 1886-1892.

[16] Wang L, Tian X L, Xu Y, et al. Engineering one-dimensional and hierarchical PtFe alloy assemblies towards durable methanol electrooxidation[J]. J Mater Chem A, 2019, 7: 13090-13095.

[17] Qi Z, Xiao C, Liu C, et al. Sub-4 nm PtZn intermetallic nanoparticles for enhanced mass and specific activities in catalytic electrooxidation reaction[J]. J Am Chem Soc, 2017, 139: 4762-4768.

[18] Xu Y, Cui X, Wei S, et al. Highly active zigzag-like Pt-Zn alloy nanowires with high-index facets for alcohol electrooxidation[J]. Nano Res, 2019, 12: 1173-1179.

[19] Liu H, Liu K, Zhong P, et al. Ultrathin Pt-Ag alloy nanotubes with regular nanopores for enhanced electrocatalytic activity[J]. Chem Mater, 2018, 30: 7744-7751.

[20] Zhang J, Li H, Ye J, et al. Pt-Ag octahedral alloy nanocrystals with enhanced electrocatalytic activity and stability[J]. Nano Energy, 2019, 61: 397-403.

[21] Mikkelsen K, Cassidy B, Hofstetter N, et al. Block copolymer templated synthesis of core-shell PtAu bimetallic nanocatalysts for the methanol oxidation reaction[J]. Chem Mater, 2014, 26: 6928-6940.

[22] Zhong W H, Liu Y X and Zhang D J. Theoretical study of methanol oxidation on the PtAu(111) bimetallic surface: CO pathway vs non-CO pathway[J]. J Phys Chem C, 2012, 116: 2994-3000.

[23] Li Z P, Li M W, Han M J, et al. Preparation and characterization of carbon-supported PtOs electrocatalysts via polyol reduction method for methanoloxidation reaction[J]. J Power Sources, 2014, 268: 824-830.

[24] Feng Q, Zhao S, He D, et al. Strain engineering to enhance the electrooxidation performance of atomic-layer Pt on intermetallic Pt_3Ga[J]. J Am Chem Soc, 2018, 140: 2773-2776.

[25] Huang L, Zhang X, Han Y, et al. High-index facets bounded platinum–lead concave nanocubes with enhanced electrocatalytic properties[J]. Chem Mater, 2017, 29: 4557-4562.

[26] Li L Y, Liu H Q, Qin C, et al. Ultrathin Pt_xSn_{1-x} nanowires for methanol and ethanol oxidation reactions: tuning performance by varying chemical composition[J]. ACS Appl Nano Mater, 2018, 1: 1104-1115.

[27] Qin Y, Luo M, Sun Y, et al. Intermetallic hcp-PtBi/fcc-Pt core/shell nanoplates enable efficient bifunctional oxygen reduction and methanol oxidation electrocatalysis[J]. ACS Catal, 2018, 8: 5581-5590.

[28] Huang L, Zou J S, Ye J Y, et al. Synergy between plasmonic and electroca-

talytic activation of methanol oxidation on palladium-silver alloy nanotubes [J]. Angew Chem Int Ed, 2019, 58: 8794-8798.

[29] 李辰. 直接乙醇燃料电池钯基催化剂的制备及其性能研究[D]. 广州: 华南理工大学, 2020.

[30] 刘贤虎. 高稳定性直接乙醇燃料电池 Pd 基催化剂的制备与性能研究[D]. 厦门: 厦门大学, 2019.

[31] Antolini E. Catalysts for direct ethanol fuel cells[J]. J Power Sources, 2007, 170: 1-12.

[32] Akhairia M A F, Kamarudin S K. Catalysts in direct ethanol fuel cell (DEFC): An overview[J]. International J Hydrogen Energy, 2016, 41: 4214-4228.

[33] Wang H F and Liu Z P. Comprehensive mechanism and structure-sensitivity of ethanol oxidation on platinum: new transition-state searching method for resolving the complex reaction network[J]. J Am Chem Soc, 2008, 130: 10996-11004.

[34] Kowal A, Li M, Shao M, et al. Ternary Pt/Rh/SnO_2 electrocatalysts for oxidizing ethanol to CO_2[J]. Nat Mater, 2009, 8: 325-330.

[35] Liu K, Wang W, Guo P, et al. Replicating the defect structures on ultrathin Rh nanowires with Pt to achieve superior electrocatalytic activity toward ethanol oxidation[J]. Adv Funct Mater, 2019, 29: 1806300.

[36] Zhu Y, Bu L, Shao Q, et al. Subnanometer PtRh nanowire with alleviated poisoning effect and enhanced C–C bond cleavage for ethanol oxidation electrocatalysis[J]. ACS Catal, 2019, 9: 6607-6612.

[37] Rizo R, Arán-Ais R M, Padgett E, et al. Pt-Rich$_{core}$/Sn-Rich$_{subsurface}$/Pt$_{skin}$ Nanocubes As Highly Active and Stable Electrocatalysts for the Ethanol Oxidation Reaction[J]. J Am Chem Soc, 2018, 140: 3791-3797.

[38] Liu Y, Wei M, Raciti D, et al. Electro-oxidation of ethanol using Pt_3Sn alloy nanoparticles. ACS Catal, 2018, 8: 10931-10937.

[39] Wang L, Wu W, Lei Z, et al. High-performance alcohol electrooxidation on Pt_3Sn–SnO_2 nanocatalysts synthesized through the transformation of Pt-Sn nanoparticles[J]. J Mater Chem, 2020, 8: 592-598.

[40] Altarawneh R M, Brueckner T M, Chen B Y, et al. Product distributions and efficiencies for ethanol oxidation at PtNi octahedra[J]. J Power Sources, 2018, 400: 369-376.

[41] Cui C, Gan L, Li H H, et al. Octahedral PtNi nanoparticle catalysts: exceptional oxygen reduction activity by tuning the alloy particle surface composition[J]. Nano Lett, 2012, 12: 5885-5889.

[42] Cui C, Gan L, Heggen M, et al. Compositional segregation in shaped Pt alloy nanoparticles and their structural behaviour during electrocatalysis[J]. Nat Mater, 2013, 12: 765-771.

[43] 王应霞. 纳米合金材料的制备及电催化甲醇和甲酸氧化性能研究[D]. 南

开大学博士学位论文, 2014.

[44] 周亚威. Pd 基合金催化剂制备及甲酸电催化氧化性能研究[D]. 哈尔滨工业大学硕士学位论文, 2016.

[45] Shen T, Zhang J J, Chen K, et al. Recent progress of palladium-based electrocatalysts for the formic acid oxidation reaction[J]. Energy Fuels, 2020, 34: 9137-9153.

[46] Luo S, Chen W, Cheng Y, et al. Trimetallic synergy in intermetallic PtSnBi nanoplates boosts formic acid Oxidation[J]. Adv Mater, 2019, 31: 1903683-1903689.

[47] Kang Y, Qi L, Li M, et al. Highly active Pt_3Pb and core-shell Pt_3Pb-Pt electrocatalysts for formic acid oxidation[J]. ACS Nano, 2012, 6: 2818-2825.

[48] Perales-Rondon J V, Ferre-Vilaplana A, Feliu J M, et al. Oxidation mechanism of formic acid on the bismuth adatom modified Pt(111) Surface[J]. J Am Chem Soc, 2014, 136: 13110-13113.

[49] Zhou Z Y, Ren J, Kang X, et al. Butylphenyl-functionalized Pt nanoparticles as CO-resistant electrocatalysts for formic acid oxidation[J]. Phys Chem Chem Phys, 2012, 14: 1412-1417.

[50] Qu X, Cao Z, Zhang B, et al. One-pot synthesis of single-crystalline PtPb nanodendrites with enhanced activity for electrooxidation of formic acid[J]. Chem Commun, 2016, 52: 4493-4496.

[51] Rong H, Mao J, Xin P, et al. Kinetically controlling surface structure to construct defect-rich intermetallic nanocrystals: effective and stable catalysts [J]. Adv Mater, 2016, 28: 2540-2546.

[52] Pan Y T, Yan Y, Shao Y T, et al. Ag–Pt compositional intermetallics made from alloy nanoparticles[J]. Nano Lett, 2016, 16: 6599-6603.

[53] Xu H, Yan B, Li S, et al. N-doped graphene supported PtAu/Pt intermetallic core/dendritic shell nanocrystals for efficient electrocatalytic oxidation of formic acid[J]. Chem Eng J, 2018, 334: 2638-2646.

[54] An L, Yan H, Li B, et al. Highly active N–PtTe/reduced graphene oxide intermetallic catalyst for formic acid oxidation[J]. Nano Energy, 2015, 15: 24-32.

[55] Tian N, Zhou Z Y, Sun S G, et al. Synthesis of tetrahexahedral platinum nanocrystals with high-index facets and high electro-oxidation activity[J]. Science, 2007, 316: 732-735.

[56] Huang L, Liu M, Lin H, et al. Shape regulation of high-index facet nanoparticles by dealloying[J]. Science, 2019, 365: 1159-1163.

[57] Shen T, Zhang J J, Chen K, et al. Recent progress of palladium-based electrocatalysts for the formic acid oxidation reaction[J]. Energy Fuels, 2020, 34(8): 9137-9153.

[58] Li X, Hsing I M. Electrooxidation of formic acid on carbon supported Pt_xPd_{1-x}

(x = 0-1) nanocatalysts[J]. Electrochim Acta, 2006, 51: 3477-3483.

[59] Baranova E A, Miles N, Mercier P H J, et al. Formic acid electro-oxidation on carbon supported Pd_xPt_{1-x} ($0 \geqslant x \geqslant 1$) nanoparticles synthesized via modified polyol method[J]. Electrochim Acta, 2010, 55: 8182-8188.

[60] Feng L G, Si F Z, Yao S K, et al. Effect of deposition sequences on electrocatalytic properties of PtPd/C catalysts for formic acid electrooxidation[J]. Catal Commun, 2011, 12: 772-775.

[61] Zhang H X, Wang C, Wang J Y, et al. Carbon-supported Pd-Pt nanoalloy with low Pt content and superior catalysis for formic acid electro-oxidation[J]. J Phys Chem C, 2010, 114: 6446-6451.

[62] Lee H, Habas S E, Somorjai G A, et al. Localized Pd overgrowth on cubic Pt nanocrystals for enhanced electrocatalytic oxidation of formic acid[J]. J Am Chem Soc, 2008, 130(16): 5406-5407.

[63] Lu Y and Chen W. PdAg alloy nanowires: facile one-Step synthesis and high electrocatalytic activity for formic acid oxidation[J]. ACS Catal, 2012, 2: 84-90.

[64] Yang L, Wang Y, Feng H, et al. PdAg Nanoparticles with different sizes: facile one-step synthesis and high electrocatalytic activity for formic acid oxidation[J]. Chemistry-An Asian Journal, 2021, 16: 34-38.

[65] Liu Z, Fu G, Li J, et al. Facile synthesis based on novel carbon-supported cyanogel of structurally ordered Pd_3Fe/C as electrocatalyst for formic acid oxidation[J]. Nano Res, 2018, 9: 4686-4696.

[66] Guo Z W, Kang X W, Zheng X S, et al. PdCu alloy nanoparticles supported on CeO_2 nanorods: Enhanced electrocatalytic activity by synergy of compressive strain, PdO and oxygen vacancy[J]. J Catal, 2019, 374: 101-109.

[67] Mazumder V, Chi M, Mankin M N, et al. A facile synthesis of MPd (M = Co, Cu) nanoparticles and their catalysis for formic acid oxidation[J]. Nano Lett, 2012, 12(2): 1102-1106.

[68] Enman L J, Stevens M B, Dahan M H, et al. Operando X-Ray Absorption Spectroscopy Shows Iron Oxidation Is Concurrent with Oxygen Evolution in Cobalt-Iron (Oxy)hydroxide Electrocatalysts[J]. Angew Chem Int Ed, 2018, 57(39): 12840-12844.

[69] Kong F, Zhang W, Sun L, et al. Interface electronic coupling in hierarchical FeLDH(FeCo)/Co(OH)$_2$ arrays for efficient electrocatalytic oxygen evolution [J]. ChemSusChem, 2019, 12(15): 3592-3601.

[70] Dionigi F, Zeng Z, Sinev I, et al. In-situ structure and catalytic mechanism of NiFe and CoFe layered double hydroxides during oxygen evolution[J]. Nat Commun, 2020, 11(1): 2522.

[71] Wu Q, Li T, Wang W, et al. High-throughput chainmail catalyst FeCo@C nanoparticle for oxygen evolution reaction[J]. Int J Hydrogen Energy, 2020,

45(51): 26574-26582.

[72] Zhang X, Ding K, Weng B, et al. Coral-like carbon-wrapped NiCo alloys derived by emulsion aggregation strategy for efficient oxygen evolution reaction[J]. J Colloid Interf Sci, 2020, 573: 96-104.

[73] Xue Y, Ma G, Wang X, et al. Bimetallic hollow tubular $NiCoO_x$ as a bifunctional electrocatalyst for enhanced oxygen reduction and evolution reaction[J]. ACS Appl Mater Interfaces, 2021, 13 (6):7334-7342.

[74] Tong M, Liu S, Zhang X, et al. Two-dimensional CoNi nanoparticles@S, N-doped carbon composites derived from S,N-containing Co/Ni MOFs for high performance supercapacitors[J]. J Mater Chem A, 2017, 5(20): 9873-9881.

[75] Bajdich M, Garcia-Mota M, Vojvodic A, et al. Theoretical investigation of the activity of cobalt oxides for the electrochemical oxidation of water[J]. J Am Chem Soc, 2013, 135(36): 13521-13530.

[76] Gao X, Zhang H, Li Q, et al. Hierarchical $NiCo_2O_4$ hollow microcuboids as bifunctional electrocatalysts for overall water-splitting[J]. Angew Chem Int Ed, 2016, 55(21): 6290-6294.

[77] Xiao Y, Zhang P, Zhang X, et al. Bimetallic thin film NiCo–$NiCoO_2$@NC as a superior bifunctional electrocatalyst for overall water splitting in alkaline media[J]. J Mater Chem A, 2017, 5(30): 15901-15912.

[78] Xu H, Shi Z X, Tong Y X, et al. Porous microrod arrays constructed by carbon-confined NiCo@$NiCoO_2$ core@shell nanoparticles as efficient electrocatalysts for oxygen evolution[J]. Adv Mater, 2018, 30(21): 1705442.

[79] Han M, Li S, Li C, et al. Strain-modulated Ni_3Al alloy promotes oxygen evolution reaction[J]. J Alloy Compd, 2020, 844.

[80] Sarkar B, Barman B K, Nanda K K. Non-precious bimetallic CoCr nanostructures entrapped in bamboo-like nitrogen-doped graphene tube as a robust bifunctional electrocatalyst for total water splitting[J]. ACS Appl Energy Mater, 2018, 1(3): 1116-1126.

[81] Jaksic J M, Ristic N M, Krstajic N V, et al. Electrocatalysis for hydrogen electrode reactions in the light of fermi dynamics and structural bonding FACTORS—I. individual electrocatalytic properties of transition metals[J]. Int J Hydrogen Energy, 1998, 23(12): 1121-1156.

[82] Fazle Kibria A K M, Tarafdar S A. Electrochemical studies of a nickel–copper electrode for the oxygen evolution reaction (OER)[J]. Int J Hydrogen Energy, 2002, 27(9): 879-884.

[83] Zheng Y, Qiao J, Yuan J, et al. Three-dimensional NiCu layered double hydroxide nanosheets array on carbon cloth for enhanced oxygen evolution[J]. Electrochim Acta, 2018, 282: 735-742.

[84] Wang B, Xu L, Liu G, et al. In situ confinement growth of peasecod-like

N-doped carbon nanotubes encapsulate bimetallic FeCu alloy as a bifunctional oxygen reaction cathode electrocatalyst for sustainable energy batteries[J]. J Alloy Compd, 2020, 826.

[85] Inamdar A I, Chavan H S, Hou B, et al. A Robust nonprecious CuFe composite as a highly efficient bifunctional catalyst for overall electrochemical water splitting[J]. Small, 2020, 16(2): 1905884.

[86] Sun W, Fei F, Zheng J, et al. Cu–Co bimetallic nanospheres embedded in graphene as excellent anode catalysts for electrocatalytic oxygen evolution reaction[J]. Micro & Nano Lett, 2019, 14(5): 466-469.

[87] Brossard L, Marquis B. Electrocatalytic behavior of Co/Cu electrodeposits in 1M KOH at 30°C[J]. Int J Hydrogen Energy, 1994, 19(3): 231-237.

[88] Ghouri Z K, Badreldin A, Elsaid K, et al. Theoretical and experimental investigations of Co-Cu bimetallic alloys-incorporated carbon nanowires as an efficient bi-functional electrocatalyst for water splitting[J]. J Ind Eng Chem, 2021, 96: 243-253.

[89] Ye Q, Hou X, Lee H, et al. Urchin-Like Cobalt-Copper (Hydr)oxides as an Efficient Water Oxidation Electrocatalyst[J]. Chempluschem, 2020, 85(6): 1339-1346.

[90] Ye W, Fang X, Chen X, et al. A three-dimensional nickel-chromium layered double hydroxide micro/nanosheet array as an efficient and stable bifunctional electrocatalyst for overall water splitting[J]. Nanoscale, 2018, 10(41), 19484-19491.

[91] Dong C, Yuan X, Wang X, et al. Rational design of cobalt–chromium layered double hydroxide as a highly efficient electrocatalyst for water oxidation[J]. J Mater Chem A, 2016, 4(29): 11292-11298.

[92] Zhao Y, Chang C, Teng F, et al. Defect-engineered ultrathin δ-MnO_2 nanosheet arrays as bifunctional electrodes for efficient overall water splitting[J]. Adv Energy Mater, 2017, 7(18): 1700005.

[93] Diaz-Morales O, Ledezma-Yanez I, Koper M T M, et al. Guidelines for the rational design of Ni-based double hydroxide electrocatalysts for the oxygen evolution reaction[J]. ACS Catal, 2015, 5(9): 5380-5387.

[94] Ma W, Ma R, Wu J, et al. Development of efficient electrocatalysts via molecular hybridization of NiMn layered double hydroxide nanosheets and graphene[J]. Nanoscale, 2016, 8(19): 10425-10432.

[95] Gao M Y, Yang C, Zhang Q B, et al. Facile electrochemical preparation of self-supported porous Ni-Mo alloy microsphere films as efficient bifunctional electrocatalysts for water splitting[J]. J Mater Chem A, 2017, 5(12): 5797-5805.

[96] Zhao X, Meng J, Yan Z, et al. Nanostructured $NiMoO_4$ as active electrocatalyst for oxygen evolution[J]. Chinese Chem Lett, 2019, 30(2): 319-323.

[97] Jović B M, Lačnjevac U Č, Jović V D, et al. Kinetics of the oxygen evolution reaction on NiSn electrodes in alkaline solutions[J]. J Electroanal Chem, 2015, 754: 100-108.

[98] Xiong S, Li P, Jin Z, et al. Enhanced catalytic performance of ZnO-CoO$_x$ electrode generated from electrochemical corrosion of Co-Zn alloy for oxygen evolution reaction[J]. Electrochim Acta 2016, 222: 999-1006.

[99] 孙奎. PtNi$_3$基合金催化剂的合成及氧还原性能研究[D]. 南京大学硕士学位论文，2019.

[100] 马博洋. 铂合金纳米八面体的微波合成、表征与氧还原电催化性能[D]. 清华大学硕士学位论文，2018.

[101] Zhang J, Vukmirovic N B, Xu Y, et al. Controlling the catalytic activity of Platinum-monolayer electrocatalysts for oxygen reduction with different substrates[J]. Angew Chem Int Ed, 2005, 44(14): 2132-2135.

[102] Stacy J, Regmi Y N, Leonard B, et al. The recent progress and future of oxygen reduction reaction catalysis: A review[J]. Renewable and Sustainable Energy Reviews, 2017, 69: 401-414.

[103] Su S, Wang X, Zhou X, et al. A comprehensive review of Pt electrocatalysts for the oxygen reduction: Nanostructure, activity, mechanism and carbon support in PEM fuel cell[J]. J Mater Chem A, 2017, 5: 1808-1825.

[104] Ratso S, Kruusenberg I, Käärik M, et al. Highly efficient nitrogen-doped carbide-derived carbon materials for oxygen reduction reaction in alkaline media[J]. Carbon, 2017, 113: 159-169.

[105] Hansen H A, Viswanathan V and Nørskov J K. Unifying kinetic and thermodynamic analysis of 2e$^-$ and 4e$^-$ reduction of oxygen on metal surfaces[J]. J Phys Chem C, 2014, 118(13): 6706-6718.

[106] Flyagina I S, Hughes K J, Pourkashanian M, et al. DFT study of the oxygen reduction reaction on iron, cobalt and manganese macrocycle active sites[J]. Inter J Hydrogen Energy, 2014, 39(36): 21538-21546.

[107] Nørskov J K, Rossmeisl J, Logadottir A, et al. Origin of the overpotential for oxygen reduction at a fuel-cell cathode[J]. J Phys Chem B, 2004, 108(46): 17886-17892.

[108] Greeley J, Stephens I E L, Bondarenko A S, et al. Alloys of platinum and early transition metals as oxygen reduction electrocatalysts[J]. Nat Chem, 2009, 1: 552-556.

[109] Zhu Z J, Zhai Y L and Dong S J. Facial synthesis of PtM (M = Fe, Co, Cu, Ni) bimetallic alloy nanosponges and their enhanced catalysis for oxygen reduction reaction[J]. ACS Appl Mater Interfaces, 2014, 6(19): 16721-16726.

[110] Stamenkovic V R, Fowler B, Mun B S, et al. Improved oxygen reduction activity on Pt$_3$Ni(111) via increased surface site availability[J]. Science,

2007, 315(5811): 493-497.

[111] Gasteiger H A, Marković N M. Just a Dream-or Future Reality[J]. Science, 2009, 324(5923): 48-49.

[112] 马洋博, 干林. 燃料电池铂合金纳米晶催化剂的形貌控制及稳定性研究进展[J]. 科学通报, 2017, 62(25): 2905-2918.

[113] Zhang J, Yang H Z, Fang J Y, et al. Synthesis and oxygen reduction activity of shape-controlled Pt_3Ni nanopolyhedra[J]. Nano Lett, 2010, 10: 638-644.

[114] Wu J B, Gross A, Yang H. Shape and composition-controlled platinum alloy nanocrystals using carbon monoxide as reducing agent[J]. Nano Lett, 2011, 11(2): 798-802.

[115] Carpenter M K, Moylan T E, Kukreja R S, et al. Solvothermal synthesis of platinum alloy nanoparticles for oxygen reduction electrocatalysis[J]. J Am Chem Soc, 2012, 134(20): 8535-8542.

[116] Cui C, Gan L, Heggen M, et al. Compositional segregation in shaped Pt alloy nanoparticles and their structural behaviour during electrocatalysis[J]. Nat Mater, 2013, 12: 765-771.

[117] Cui C, Gan L, Li H-H, et al. Octahedral PtNi nanoparticle catalysts: exceptional oxygen reduction activity by tuning the alloy particle surface composition[J]. Nano Lett, 2012, 12(11): 5885-5889.

[118] Choi S I, Xie S, Shao M, et al. Synthesis and characterization of 9 nm Pt–Ni octahedra with a record high activity of 3.3 A/mg Pt for the oxygen reduction reaction[J]. Nano Lett, 2013, 13(7): 3420-3425.

[119] Chen C, Kang Y, Huo Z, et al. Highly crystalline multimetallic nanoframes with three-dimensional electrocatalytic surfaces[J]. Science, 2014, 343(6177): 1339-1343.

[120] Huang X, Zhao Z, Cao L, et al. High-performance transition metal–doped Pt_3Ni octahedra for oxygen reduction reaction[J]. Science, 2015, 348(6240): 1230-1234.

[121] Kim J, Lee Y, Sun S. Structurally ordered FePt naoparticles and their enhanced catalysis for oxygen reduction reaction[J]. J Am Chem Soc, 2010, 132(14): 4996-4997.

[122] Chung D Y, Jun S W, Yoon G, et al. Highly durable and active PtFe nanocatalyst for electrochemical oxygen reduction reaction[J]. J Am Chem Soc, 2015, 137(49): 15478-15485.

[123] Wang D, Xin H L, Hovden R, et al. Structurally ordered intermetallic platinum-cobalt core-shell nanoparticles with enhanced activity and stability as oxygen reduction electrocatalysts[J]. Nat Mater, 2013, 12: 81-87.

[124] 李峥嵘, 申涛, 胡冶州等. 有序金属间化合物电催化剂在燃料电池中的应用进展[J]. 物理化学学报, 2021, 37: 2010029.

第3章 高性能 Pt 基双金属催化剂用于甲醇氧化

3.1 Pt-Os 双金属协同催化剂

3.2 双金属 Pt-Ru 核壳结构催化剂

3.3 双金属 Pt-Os 催化剂与 Pt-Ru（TiO_2 稳定的）催化剂性能比较

在各种类型的低温燃料电池中，直接甲醇燃料电池（DMFC）由于其燃料的廉价和来源丰富，以及携带方便、理论比能量高等优点，使其在 5G 手机、iPad 和笔记本电脑等移动电源领域具有广阔应用前景，近年来引起了国内外的广泛关注[1-3]。DMFC 在相对较低的温度下运行的能力和快速启动的特性（考虑到甲醇是直接使用而不需要燃料的重整），使得其可以与基于氢氧化的 H_2 质子交换膜燃料电池（PEMFC）相媲美[4-7]。然而到目前为止，与 PEMFC 相比，高效甲醇氧化（MOR）电催化剂研制的空白极大地延缓了 DMFC 的发展。这一障碍主要是由 Pt 阳极上甲醇的缓慢氧化引起的，它涉及一个复杂的反应网络，特别是在低操作温度下[8]，有许多可能的副产物（甲醇是 6 电子转移，而氢氧化只有 2 电子转移）。对于 DMFC 而言，如果要提高催化剂活性，就需活性更高的催化剂或者增加催化剂用量[9,10]。而甲醇分步脱氢过程中生成的反应中间体 CO 又使催化剂表面迅速失活，使情况进一步恶化[11]。因此，Pt 通常与亲氧金属形成合金，以提高其对 CO 的耐受性。在双金属 Pt 基催化剂中，Pt-Ru 双金属催化剂由于其出色的稳定性、抗 CO 中毒能力以及优异的电催化活性，成为当前催化性能最好的双金属 Pt 基催化剂[12-15]。然而 Pt-Ru 双金属催化剂的效率依然不足以满足大多数实际用途。此外，Ru 的价格昂贵和 Ru 的中毒、流失仍然是难以解决的问题[16]。因此，发展无 Ru 以及催化性能更高的甲醇氧化电催化剂仍然具有十分重要的意义[17]。

3.1 Pt-Os 双金属协同催化剂

从气相离解能的角度看，前过渡金属是最亲氧的元素。此外，Os 比 Ru 更具亲氧性，并且我们已知它在酸性溶液中的吸附电位比 Ru 稍负[18]。根据 Atwan[19]报道，Os 和 Os 基催化剂（铂除外）对甲醇氧化无催化活性，而有对 Pt 金属催化的甲醇氧化、CO 氧化和甲酸氧化促进的报道[20-24]。Liu 和 Huang 通过热解金属羰基金属团簇制备了 Pt-Os（3∶1）/C 催化剂（约 2.2nm），与 Pt/C 催化剂相比，该催化剂显示出更好的甲酸电催化氧化活性，这是由于 Pt-Os 的高分散性和双功能效应[20]。将通过不同方法制备的炭载 Pt-Os 电催化剂与 Pt/C 进行比较，发现在 H_2 气氛中 500℃下热处理的 Pt-Os（9∶1）/C 具有最好的 CO 催化氧化性能，这是由于减少了惰性的 Pt 和 Os 表面氧化而产生的氧化物相[21]。有报道在双金属氧化物 PtM_yO_x（M＝Sn、Mo、Os 或 W）电极的研究中，添加 Os 的双金属氧化物电催化性能并不理想，原因是在煅烧过程中 Os 会生成有挥发性的 OsO_4[22]。电化学共沉积的 Pt-Os 电极在电位超过 0.2V 时表现出比 Pt 更强的催化活性（参比电极为饱和 Ag/AgCl 电极），这是因为 Os 具有更强的亲氧性[23]。然而，Os 在高电位下会形成 OsO_2 从而导致对 OH 活化的失效。Huang 等人[24]通过羰基配合物路线制备的炭载 Pt-Os（Pt/Os 原子比为 3∶1）双金属催化剂（2.2nm）对 MOR 的活性要优于商品化的 Pt/C 和 Pt-Ru（1∶1）催化剂，这种增强归因于双功能机制和电子效应的协同作用。Moore 等人[25]在单一还原条件下热处理三种 Os 配合物，制备了 Os/C 和 Pt-Os/C。尽管 Os/C 和 Pt-Os/C（5~6nm）催化剂表现出了具有热力学上有利的开路电位（甲醇氧化），但这些氧化的动力学太慢，并没有实际意义。因此，尽管 Os 本质上具有亲氧性，但有关 Pt-Os 电催化剂催化甲醇氧化的报道结果却并不一致，制备方法对所得催化剂的性能有很大影响。

  近年来，在燃料电池催化剂制备中，多元醇法已经可以成功应用于窄尺寸分布的小于 5nm 纳米颗粒的合成，然而，该方法还没有被用于双金属 Pt-Os 催化剂的制备。为了进一步深入研究催化剂的制备方法与催化性能之间的关系，我们[26]通过不同方法制备了 Pt-Os 双金属催化剂，首先由共沉积和分步沉积制备了 Pt-Os 双金属胶体纳米粒子，然后使用 XC-72 活性炭作为载体对胶体纳米粒子进行负载得到 PtOs/C 催化剂，最后对甲醇氧化反应进行电催化活性评价。根据文献报道的结果[20,23]，当 Pt/Os 原子比为 3∶1 时，该比例被认为是最好的催化性能，因此在本工作中，Pt/Os 原子比也设定为 3∶1。与文献报道的结果相比，通过多元醇方法制备的催化剂的尺寸范围在 2～2.5nm，并且对于 MOR 表现出完全不同的行为。此外，所制备催化剂无需再进行后处理，制备方法本身也相对简单（无需使用有机配合物），对发展无 Ru 高性能甲醇燃料电池有重要意义；不过由于 OsO_4 是有毒的气态物质，制备过程中 Os 的毒性要特别注意，这也是 Pt-Os 双功能催化剂固有的缺点。

3.1.1 高分散双金属 Pt-Os 纳米催化剂的制备

六氯锇酸钾、氯铂酸购于 Aldrich，乙二醇、氢氧化钠、硫酸（95%～97%）、乙醇和甲醇购于 Merck 试剂公司，上述试剂未经进一步纯化直接使用。六氯锇酸钾和氯铂酸配制成 0.05mol/L 水溶液备用。炭载体是来自 Cabot 公司的 Vulcan XC-72R 导电炭（测得的 BET 比表面积为 $228m^2/g$，平均粒径为 40～50nm）。在整个实验过程中所使用的水均为去离子水。

通过多元醇方法共沉积相应的前驱体来制备 PtOs-1：将 1mL 0.05mol/L K_2OsCl_6 和 3mL 0.05mol/L H_2PtCl_6 溶液添加到装有 50mL 乙二醇的圆底烧瓶中(100 mL)，使用 0.5mol/L NaOH 溶液将混合物的 pH 调节至约 9。将上述混合物在油浴中进行搅拌，在 120℃下回流 8h。冷却后，向反应混合物中加入 254 mg 的 XC-72 导电炭，并继续搅拌过夜。假设 Pt 前体完全还原，则 Pt 的理论负载量为 10%。假设 Pt 和 Os 前体完全还原，总金属负载量（Pt-Os）为 13.4%。最后将悬浮液过滤以回收固体，将其用乙醇充分洗涤，然后在 80℃下真空干燥过夜。

通过连续沉积方法制备 PtOs-2：首先通过水热法合成 Os 胶体，然后在 Os 胶体上继续使用多元醇进行 Pt 纳米颗粒沉积，即将 1mL 0.05mol/L K_2OsCl_6 与 25mL 乙二醇混合，使用 0.5mol/L NaOH 溶液将混合物的 pH 调节至约 9。然后将混合物转移到特氟隆内衬的不锈钢高压反应釜（横截面直径为 4cm，容积为 50mL）中，并在 120℃的烘箱中反应 4h。反应完毕后，将 Os 溶胶转移至 100mL 圆底烧瓶中，并加入 3mL 0.05mol/L 的 H_2PtCl_6 和 25mL

的乙二醇，再次使用 0.5mol/L NaOH 溶液将混合物的 pH 调节至 9 左右。剩余的导电炭负载和洗涤过程与上述 PtOs-1/C 的制备步骤相同。

3.1.2 高分散双金属 Pt-Os 纳米催化剂的表征与评价

采用 Rigaku D/Max-3B 型 X 射线衍射仪（Shimadzu）在 CuKα 辐射（λ=1.5406Å）下记录催化剂的 XRD 图。2θ 角以 2°/min 速率从 20°扫描到 85°，用设备自带的拟合软件对衍射数据进行曲线拟合。使用热分析仪 TGA-2050，在 100mL/min 连续空气流中进行热重分析，以确定催化剂中的金属负载量。鉴于 OsO_4 是挥发性和有毒气体[22,25]，涉及 Os 催化剂的制备都必须在通风橱中进行。催化剂的元素组成用能量色散 X 射线（EDX）分析仪测量，该分析仪连接到在 15kV 下运行的 JEOL MP5600LV 扫描电子显微镜。采用日本电子株式会社 JEM-2100F 型场发射透射电子显微镜对催化剂的粒径、形状和粒径分布进行观测，测试电压为 200kV。XPS 测定是通过美国赛默飞 ESCALAB MKII 光电子能谱仪（VG Scientific）进行，X 射线光源为：AlKα 射线（1486.71eV），石墨的 C 1s 峰作为参考峰，结合能为 284.5eV，采用自带的 XPSPEAK 4.1 软件来对 X 射线光电子能谱（XPS）数据进行拟合。

采用 Autolab PGSTAT12 电化学工作站和标准的三电极电化学池，通过循环伏安法对催化剂的活性进行评价。通过将 5mg 的催化剂与 100μL 的 Nafion（质量分数 5%，Aldrich）和 900μL 的乙醇混合来制备催化剂墨水。工作电极是直径为 5mm 的玻碳圆盘电极，将 10μL 催化剂墨水滴涂到电极表面（6.7mg 金属）。在滴涂墨水之前，分别用 1.0μm、0.3μm 和 0.05μm 的 Al_2O_3 糊剂对电极进行抛光，最后在超声波中用乙醇溶液对其进行清洗。Pt 片和 Ag/AgCl（饱和）分别用作对电极和参比电极，本工作中所有电位均参比 Ag/AgCl 饱和电极，相对于标准氢电极为 0.198V。催化剂评价采用循环伏安（CV）和计时电流（I-t），电解液在 0.5mol/L H_2SO_4+1mol/L CH_3OH 溶液中进行。在记录 CV 曲线和 I-t 曲线之前，以扫速 20mV/s 从-0.18V 至 0.8V（vs. Ag/AgCl）进行多次扫描，直到获得稳定的曲线为止。催化剂的抗 CO 中毒性能是通过 CO 的阳极溶出伏安来进行评估，10% CO 氩气鼓泡通入 0.5mol/L H_2SO_4 电解液中使之饱和，在鼓泡过程中，阳极在设定在-0.1V 稳定 30min。CO 吸附后，使用高纯氩气快速鼓泡清除电解液中的大部分 CO，从-0.1V 开始扫描，记录-0.18V～0.8V 的 CO 溶出伏安图。

3.1.3　两种不同方法制备的 Pt-Os 催化剂的催化性能

多元醇还原法已广泛应用于燃料电池领域的超细纳米颗粒的制备中，其中乙二醇起着还原剂和稳定剂的作用。乙二醇的黏度为 25.66mPa·s（16℃时），高于水的黏度（16℃时为 1.11mPa·s），该性质有利于小的纳米颗粒的形成。另外，可以利用水和乙醇冲洗产物且很容易地除去乙二醇，不需要进行后面的热处理。图 3-1 为通过水热法制备的 Os 胶体的 TEM 图像，粒径非常小（小于 1nm），没有明显的团聚，这表明在实验条件下成功还原了 K_2OsO_6 前体。这些 Os 胶体还通过在多元醇溶液中回流进一步用于还原 Pt 纳米颗粒，所得 PtOs-2 胶体的 TEM 图像如图 3-2 所示。与图 3-1 相比，图 3-2 中的颗粒尺寸明显增加，平均颗粒尺寸为 2nm。但是，很难确定图 3-2 中的粒子是分离的 Pt 和 Os 纳米粒子还是 Pt-Os 纳米粒子（合金、双金属或核壳结构的纳米粒子）的混合物。假设 Os 和 Pt 的密度分别为 22.4g/cm^3 和 21.4g/cm^3，并假设图 3-1 中的理想球形 Os 纳米颗粒和图 3-2 中 Os 核上的 Pt 壳形成（Pt@Os），则纯粹理论上的计算将需要 Pt/Os 的质量比为 6.7∶1。显然这种情况与预设的原子比为 3∶1 的情况不符（Pt/Os 的原子比预设为 3∶1，实际计算出的质量比为 3.1∶1）。因此，图 3-2 中观察到的颗粒一定包括孤立的 Os 胶体，其余为 Pt-Os 合金或双金属纳米颗粒。图 3-3 显示了 PtOs-1 的 TEM 图像，平均粒径大于图 3-2 中的平均粒径，约为 2.5nm。考虑到图 3-3 中的颗粒是通过共还原方法形成的，这些颗粒很可能是 Pt-Os 合金化的纳米颗粒。

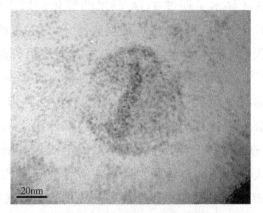

图 3-1　Os 溶胶的 TEM 图

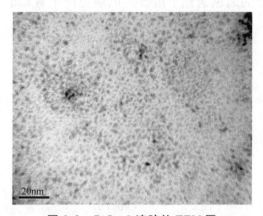

图 3-2　PtOs-2 溶胶的 TEM 图

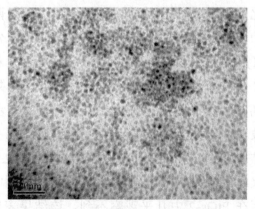

图 3-3　溶胶 PtOs-1 的 TEM 图

图 3-4 显示了通过 TGA 测出的催化剂的质量损失曲线。样品在 100℃至 400℃之间的质量损失小于 10%可能是由于物理吸附水的解吸，而在 400℃至 473℃之间的质量损失是由于碳在空气中的燃烧[27]。两种催化剂在 473℃下的剩余质量为 13.8%，这恰好与催化剂的标准负载量（13.4%）相同。由两种催化剂加热至 650℃后的剩余质量计算出的负载量为 11.9%。由于 OsO_4 是一种气态物质，因此在温度高于 473℃后，OsO_4 的形成导致质量进一步减少[22]。为了确认 Pt 和 Os 前体是否已被炭载体完全还原并收集，对催化剂进行了 EDX 分析。结果表明两种催化剂的 Pt 与 Os 之比为 3∶1（金属负载量约为 14%），这与前体盐中金属的起始摩尔比一致。TGA 要在良好的通风条件下进行，以避免产生有毒的 OsO_4 气体[25]。

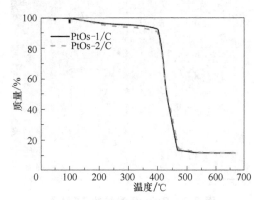

图 3-4　两种催化剂的热重分析图

催化剂的 XRD 图谱如图 3-5 所示。对于这两种催化剂，在 2θ 角分别为 40.4°，68.3°和 81.9°时，其强衍射峰分别可以归为铂面心立方（fcc）的（111）、（220）和（311）面。相对于纯 Pt 而言，PtOs-1/C 催化剂都是正向移动[28,29]，这是因为共沉积方法导致合金催化剂的生成。而对于 PtOs-2/C 催化剂，两步连续还原过程也可能导致 Pt-Os 合金或 Pt-Os 结构的部分生成。将该结果与 TEM 分析的结果相结合，表明 PtOs-2 中包含了孤立的 Os 粒子和合金化的 Pt-Os 纳米颗粒的混合物。仅在 PtOs-1 中观察到（200）衍射峰，而在 PtOs-2 中几乎观察不到。该结果表明与 PtOs-2 相比，PtOs-1 的粒径相对较大。根据 Scherrer 公式，由 Pt（220）计算得出[30,31]PtOs-1/C 和 PtOs-2/C 催化剂中的 Pt 平均粒径分为 2.1nm 和 2.7nm，这些值与从 TEM 观察获得的值一致。

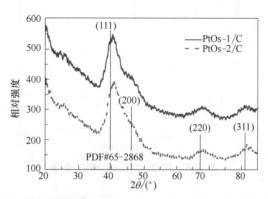

图 3-5 两种催化剂 PtOs-1/C 和 PtOs-2/C 的 XRD 图

PtOs-1/C 催化剂的 XPS 光谱由几条主要的线组成，这些线可以标记为 Pt、Os、C 和 O（图 3-6）。PtOs-1/C 和 PtOs-2/C 的 Pt 4f 谱如图 3-7 所示，在 Pt 4f 光谱的拟合中，通过 Shirley 扣本底法进行了背景去除，并且将基线的两端设置得足够远，以使光谱形状不会失真。在分峰过程中，需要对峰位置（Position）、洛伦兹-高斯参数（%Lorentzian-Gaussian，简称 L-G%，其中，0 代表纯高斯峰形，100 代表纯洛伦兹峰形）、半峰宽（FWHM）和面积（Area）进行设置，设置参数不同其结果也会有很大差别，在本研究中，曲线的形状假定为 Lorentzian，并且半宽度假设相等。在图 3-7（a）PtOs-1/C 的 Pt 4f 光谱图中，在 71.58eV 和 74.88eV 处强度最高的双重峰为金属 Pt 的特征峰，而在 72.98eV 和 76.18eV 处强度较低的双重峰通常被认为是氧化态，处于+2 价状态的 Pt，例如 PtO 和 Pt(OH)$_2$[32]。在图 3-7（b）中，PtOs-2/C 的 Pt 4f 光谱图 71.69eV 和 74.99eV 处的双峰认为是 Pt（0 价），而 73.09eV 和 76.29eV 处的双峰认为是 Pt（+2 价）。由各个积分面积计算出的催化剂中 Pt（0 价）的百分比彼此接近（PtOs-1/C 为 87%，PtOs-2/C 为 86%）。表 3-1 总结了 Pt 4f 组分的结合能以及根据各自的积分面积计算出的催化剂中 Pt（0 价）和 Pt（+2 价）的百分比。根据表 3-1，自旋轨道分裂双峰的峰面积比为 4∶3（多重理论），与理

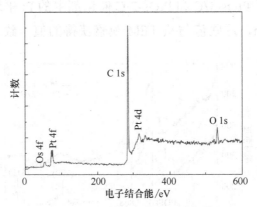

图 3-6　PtOs-1/C 的 XPS 全谱

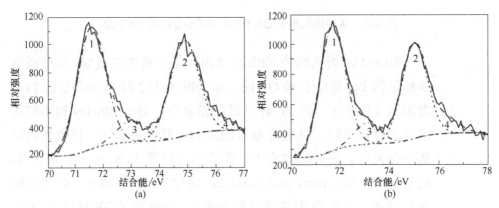

图 3-7　PtOs-1/C（a）和 PtOs-2/C（b）的 Pt 4f XPS 谱

表 3-1　两种催化剂的 Pt 4f XPS 谱的具体参数

催化剂	物种	结合能/eV	积分面积占比/%	Pt（0价）与Pt（+2价）面积比/%
PtOs-1/C	1 [Pt（0价）]	71.58	49	87
	2 [Pt（0价）]	74.88	38	
	3 [Pt（+2价）]	72.98	8	13
	4 [Pt（+2价）]	76.18	5	
PtOs-2/C	1 [Pt（0价）]	71.69	49	86
	2 [Pt（0价）]	74.99	37	
	3 [Pt（+2价）]	73.09	8	14
	4 [Pt（+2价）]	76.29	6	

论值相对应[33,34]。图3-8（a）中PtOs-1/C在51.24eV和53.94eV处的Os $4f_{7/2}$和$4f_{5/2}$结合能归为Os单质，而52.54eV和55.24eV处的结合能峰归为OsO_2[33]。在图3-8（b）PtOs-2/C的Os 4f光谱中，金属Os信号位于51.08eV和53.78eV，而52.38eV和55.08eV的信号认为是Os氧化物（+2价）。

表3-2显示了Os 4f组分的结合能以及催化剂中Os（0价）和Os（+2价）的百分比（根据各自的积分面积计算）。相对于PtOs-1/C（67%），PtOs-2/C（87%）的表面金属Os含量较高，这种差异可能是由不同的制备方法引起的，因为PtOs-2/C是通过连续还原法制备的，其中预先形成的Os胶体不易被氧化。根据XPS分析，PtOs-1/C和PtOs-2/C的原子比分别为3.1∶1和2.8∶1。由

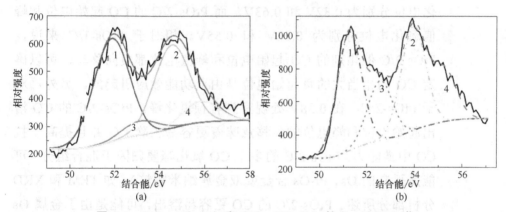

图3-8 PtOs-1/C（a）和PtOs-2/C（b）的Os 4f XPS谱

表3-2 两种催化剂的Os 4f XPS谱的具体参数

催化剂	物种	结合能/eV	积分面积占比/%	Pt（0价）与Pt（+2价）面积比/%
PtOs-1/C	1［Pt（0价）］	51.24	36	67
	2［Pt（0价）］	53.94	31	
	3［Pt（+2价）］	52.54	18	33
	4［Pt（+2价）］	55.24	15	
PtOs-2/C	1［Pt（0价）］	51.08	49	87
	2［Pt（0价）］	53.78	38	
	3［Pt（+2价）］	52.38	7	13
	4［Pt（+2价）］	53.57	6	

于他们小的尺寸效应，XPS 结果的比例与 EDX 结果的比例几乎相同。对于 PtOs-2/C 而言，Pt 结合能的增加（PtOs-1/C 为 71.58eV，PtOs-2/C 为 71.69eV）和 Os 结合能的相应降低（PtOs-1/C 为 51.24eV，PtOs-2/C 为 51.08eV）表示从 Os 到 Pt 的电子转移效应，这似乎与 PtOs-2/C 中较低的 OsO_2 相关。

循环伏安的电位上限设置为 +0.8V，以避免催化剂氧化和 Os 的溶解[24,33]。图 3-9 为室温下催化剂在 0.5mol/L H_2SO_4 中的 CO 溶出伏安图。众所周知，CO 溶出是电化学表征催化剂抗 CO 中毒的有效工具[35,36]。CO 溶出伏安特性与文献报道的伏安特性一致，即在第一次扫描中完成了 CO 的氧化，在第二次扫描中没有出现任何 CO 的氧化痕迹[14,37]。PtOs-1/C 催化剂的 CO 起始和峰值氧化电位分别为 0.32V 和 0.63V，而 PtOs-2/C 的 CO 起始电位和峰值氧化电位分别为 0.28V 和 0.55V。相对于 PtOs-1/C 来说，PtOs-2/C 催化剂的 CO 起始电位和峰值电位都负向移动，可以确定 CO 的相当大的负起始电位是由双功能效应引起的。另外，对于 PtOs-2/C，在 0.38V 处观察到有预氧化峰。PtOs-2/C 的 CO 溶出起始电位和峰电位的负移意味着更容易去除 CO 并且提高了抗 CO 中毒能力。PtOs-2/C 的多个 CO 氧化峰要归因于混合组分（可能是孤立的 Os、Pt-Os 合金或双金属纳米颗粒），如 TEM 和 XRD 分析部分所述。PtOs-2/C 的 CO 更容易溶出，可能是由于金属 Os

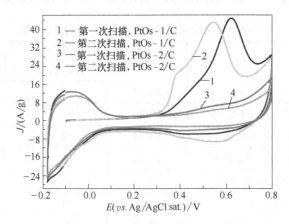

图 3-9　0.5mol/L H_2SO_4 中，两种催化剂 PtOs-1/C 和 PtOs-2/C 的 CO 溶出伏安曲线，扫描速率为 20mV/s

含量较高，这与 XPS 分析结果相似（PtOs-2/C 中 O_s 含量为 87%，PtOs-1/C 中为 67%）。因此，PtOs-2/C 的物理特性与其 CO 溶出电化学行为之间有很好的相关性。通常根据与酸性电解质中 Pt 上氢的吸附或解吸有关的电荷，来估算电催化剂的电化学活性表面积（ECSA）。基于图 3-9 中的第二次扫描，PtOs-1/C 和 PtOs-2/C 的 ECSA 彼此接近，分别为 $52m^2/g$ 和 $54m^2/g$。我们推断即使经过大量冲洗，乙二醇或其氧化物质仍可能保留在催化剂表面。

图 3-10 显示了在 20mV/s 的 PtOs-2/C 下，在 $0.5mol/L\ H_2SO_4$ + $1mol/L\ CH_3OH$ 电解液中扫描不同次数后的循环伏安曲线。随着扫描次数的增加，氧化电流增加并在 40 圈循环后稳定下来。

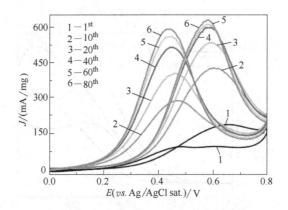

图 3-10　在 $0.5mol/L\ H_2SO_4$ + $1mol/L\ CH_3OH$ 电解液中，PtOs-2/C 多次循环伏安扫描曲线，扫描速率为 20mV/s

如图 3-11 所示，通过循环伏安法在 $0.5mol/L\ H_2SO_4$ + $1mol/L\ CH_3OH$ 电解液中于 20mV/s 扫描速率下评价了室温下对甲醇氧化反应的催化活性。为了公平地评价电催化剂，将图 3-11（a）中的电流密度归一化为金属负载，表明了电催化剂的单位质量活性，而图 3-11（b）中的电流密度依据 ECSA 进行了归一化，即表示催化剂活性位点的催化活性（比活性）[38]。PtOs-2/C 电催化剂的质量活性[图 3-11（a）]和比活性[图 3-11（b）]分别为 528mA/mg PtOs 和 $0.98mA/cm^2$，分别比 PtOs-1/C 电催化剂[图 3-11（a）中的 361mA/mg PtOs 和图 3-11（b）中的 $0.69mA/cm^2$] 高 46% 和 42%。PtOs-1 和 PtOs-2 的正向峰值电流密度与反向峰值电流密度之比均大于 1（表 3-3），这表明我们制备的催化剂具有良好的 CO 耐受性。

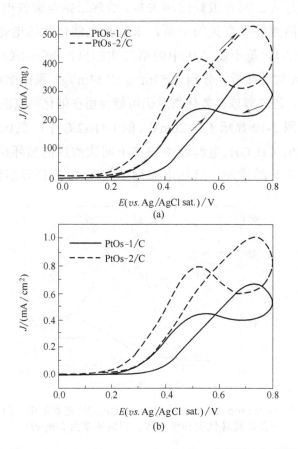

图 3-11　在 0.5mol/L H_2SO_4 + 1mol/L CH_3OH 电解液中，两种催化剂
PtOs-1/C 和 PtOs-2/C 多次循环伏安扫描曲线，扫描速率为 20mV/s
（a）电流密度归一化为金属 PtOs 负载；（b）电流密度归一化为比活性

表 3-3　两种催化剂甲醇氧化活性比较

催化剂	正扫峰电流密度（以 PtOs 计）/(mA/mg) PtOs	负扫峰电流密度/(mA/mg)	I_f/I_b 比
PtOs-1/C	528	352	1.5
PtOs-2/C	361	271	1.3

为了研究甲醇浓度对催化活性的影响，当 CH_3OH 浓度从 0.5mol/L 变为 2mol/L 时测试了 PtOs-2/C 的催化活性，如图 3-12

所示。发现氧化电流随着 CH_3OH 浓度的增加而增大,并且峰值电势也转移到正电势。在 0.5mol/L H_2SO_4 + 2mol/L CH_3OH 电解液中,PtOs-2/C 的质量活性达到了 850mA/mg PtOs。

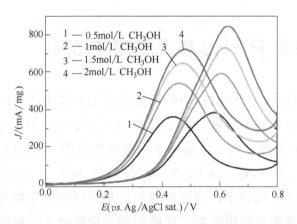

图 3-12 在 0.5mol/L H_2SO_4 和不同浓度的 CH_3OH 电解液中,催化剂 PtOs-2/C 的循环伏安扫描曲线,扫描速率为 20mV/s

图 3-13 比较了催化剂在 0.4V 时的计时电流图,当电位设置在 0.4V 时,如果反应产物离去的速率不及甲醇氧化速率,甲醇在催化剂表面连续被氧化过程中,反应中间体就会积累。因此电流密度的降低随着时间的衰减的越缓慢,催化剂的抗 CO 中毒能力就越好。PtOs-2/C 催化剂在连续反应 1h 后,氧化电流密度降至其

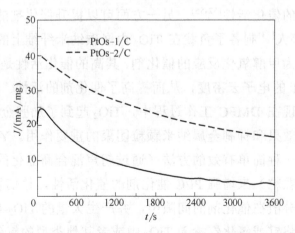

图 3-13 在 0.5mol/L H_2SO_4 + 1mol/L CH_3OH 电解液中,两种催化剂 PtOs-1/C 和 PtOs-2/C 在电位 0.4V 时的计时电流曲线

初始值的 43%，而 PtOs-1/C 催化剂相应的衰减更严重，只有原来的 13%。表明 PtOs-2/C 的催化剂抗 CO 能力更好，该结果也与在 CO 溶出中获得的结果一致。

3.2 双金属 Pt-Ru 核壳结构催化剂

目前，在 DMFC 中使用的商用和实验阶段的电催化剂都是在炭载体上高分散度、高含量的 Pt（主要用于氧还原反应，ORR）或 Pt 基催化剂（主要用于甲醇氧化反应，MOR）[39-44]。而活性炭，尤其是 Vulcan XC-72 或 XC-72R 炭黑（Cabot 公司），具有高电导率、低成本、高比表面积，是常用的催化剂载体[45-48]。在我们近期的工作中证实，在剧烈的电位波动下，催化剂在工作过程中以惊人的速度发生了碳腐蚀和 Pt Ostwald 熟化过程，从而导致了催化剂的电化学表面积（ECSA）降低，以及催化活性的下降[49]。因此，如果 DMFC 要实现产业化，催化剂的稳定性和寿命问题必须得到充分解决[50,51]。

由于高的亲水性、化学/电化学稳定性、无毒以及低成本等优点，TiO_2 作为一种电催化剂的助剂得到广泛研究。研究发现，TiO_2 助剂的加入会对催化剂产生两方面重要作用，一方面可以提升催化剂的催化活性[52-55]，另一方面可以提升催化剂的稳定性[56-59]。Ito 等人[53]制备了负载在 TiO_2 内嵌碳纳米纤维上的 Pt-Ru 纳米颗粒作为甲醇氧化反应的催化剂，其高的催化活性是由于 TiO_2 增加了 Pt 的电子云密度，从而提高了催化剂的活性。Tian 等人[40]研究发现在 DMFC 工作过程中，TiO_2 起到了加强金属-载体相互作用的效果和抑制金属纳米颗粒团聚的重要作用。Yu 和 Xi[54]则报道了一种简单有效的方法（通过超声混合商业化的 Pt/C 和 TiO_2 纳米颗粒）来增强 Pt/C 催化剂的催化活性，他们发现 TiO_2 纳米粒子分散在催化剂的间隙中，并产生大量的 TiO_2-Pt/C 界面。将钌或氧化钌掺入 TiO_2 中或者其他类型的氧化钛中，也发现了同样可以促进 Pt 催化活性和寿命[57,60,61]。Zhang 等人[60]制备了

Ti_4O_7 负载的 Ru@Pt 催化剂用于氢氧化反应中，Ti_4O_7 不仅可以提高抗 CO 中毒能力，还通过 Ru-Ti_4O_7 之间强的相互作用提高了 Ru 的寿命。Ho 等人[61]报道了双金属氧化物钛 $Ti_{0.7}Ru_{0.3}O_2$ 通过强的金属载体相互作用可以显著地提高 Pt 在 DMFC 中的催化活性和寿命。Lo 等人[57]通过湿法化学合成了 TiO_2-RuO_2（TRO）粉末催化剂，该材料具有高导电性（电导率 21S/cm），并且在酸性和氧化环境中具有很高的化学/电化学稳定性。在稳定性测试中，Pt/TRO 电催化剂的电活性面积（ECSA）的衰减与商用 Pt/C 的还原率基本相似。

在前面的工作中，我们开发了两步法多元醇还原制备 Pt^Ru/C MOR 催化剂的方法，第一步将 Ru 制备成 2nm 的 Ru/C 催化剂，然后将 Pt 均匀分散在 Ru/C 催化剂表面[62]。最近，我们改进了多元醇法制备 Pt^Ru/C 催化剂，与传统方法相比，该方法使用了较少量的乙二醇（EG），因此减少了复杂的氧化物的产生，可以尽可能地使 Pt 表面保持清洁[63]。在本节中，我们[64]在水和乙二醇的混合溶剂（EG/H_2O 的体积比 = 1∶1）中，通过钌前驱体在金红石 TiO_2 上还原制备了 TiO_2@Ru 核壳结构，然后将铂前驱体均匀分散在 XC-72 炭的墨水加入到包含 TiO_2@Ru 核壳结构溶液中，进一步还原合成了 Pt/TiO_2@Ru-C 电催化剂。Ru 在 TiO_2 上的平均粒径为 1.4 nm，Pt 和 Pt/TiO_2@Ru-C 的平均粒径为 2.3nm。明显不同于大多数其他研究中被采用的 Pt/Ru 摩尔比 1∶1 或 3∶1（双功能机理所需要的比例）[41,43,65,66]，由于钌的关键作用是使 Pt 具有良好的分散性，所以钌的含量维持在一个很低的水平（本工作中 Pt/Ru 的摩尔比保持在 9∶1）。TiO_2@Ru 的颗粒能够与 XC-72 炭颗粒相匹配，形成能贯穿 TiO_2 和炭颗粒的界面（TiO_2-Pt-C 界面），其效果与文献[54]类似。同时催化剂结构产生的介孔对于燃料电池反应中的小分子来说是非常容易通过的。研究发现 Pt/TiO_2@Ru-C 催化剂负载铂量为 30%（质量分数）时，电化学表面积为 82.9m^2/g，高于相同负载量商品化的 E-TEK（Pt-Ru/C 为 76.9m^2/g，Pt/C 为 66.7m^2/g）催化剂的表面积，Pt/TiO_2@Ru-C 的寿命与我们最近的研究结果相比，得到了显著提高[49,67]。

3.2.1 核壳结构 Pt/TiO$_2$@Ru-C 催化剂的制备

TiO$_2$（粒径小于 60nm）纳米棒购自阿拉丁试剂公司，使用之前将其在 300℃的空气中热处理 3h。将 0.35mL RuCl$_3$ 水溶液（0.0733mol/L）加入到乙二醇和水的混合溶液中（EG/H$_2$O = 1∶1，体积比）进行混合。加入适量的柠檬酸钠（柠檬酸钠与氯化钌的摩尔比保持在 4∶1）与 20mg TiO$_2$，用 NaOH 溶液调节溶液的 pH 值到 10。上述过程全程用高纯 N$_2$ 鼓泡进行惰性气氛保护，然后转移到 125℃油浴中磁力搅拌下回流 4h，这个阶段制备的催化剂前体为 TiO$_2$@Ru。然后，将 0.232mmol H$_2$PtCl$_6$ 和 103mg XC-72 活性炭加入到乙二醇和水的混合溶液中（EG/H$_2$O = 1∶1，体积比）混合均匀，并将此混合溶液加入到上述 TiO$_2$@Ru 母液中继续回流 6 小时，过滤悬浮液，回收固体，用热水充分清洗后，在 70℃的真空中干燥过夜。假设前驱体被完全还原，得到的 Pt/Ru 比为 9∶1，Pt 载量为 30%（质量分数），最后催化剂标记为 Pt/TiO$_2$@Ru-C。整个制备过程如图 3-14 所示分为两个阶段：第一步在水和乙二醇的混合溶剂（EG/H$_2$O =1∶1，体积比）中，通过钌前驱体在金红石 TiO$_2$ 上还原制备 TiO$_2$@Ru 核壳结构；第二步将铂前驱体均匀分散在 XC-72 炭的墨水中，然后加入到包含 TiO$_2$@Ru 核壳结构溶液中，进一步还原合成 Pt/TiO$_2$@Ru-C 电催化剂。

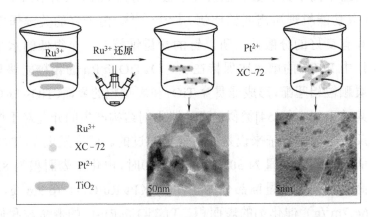

图 3-14　Pt/TiO$_2$@Ru-C 催化剂的制备过程示意图

3.2.2 核壳结构 Pt/TiO$_2$@Ru-C 催化剂的表征与评价

TEM 表征用美国 FEI Tecnai G2 F20 S-Twin 场发射透射电子显微镜，加速电压为 200kV，用于获得粒子尺寸，形貌和尺寸分布。XRD 表征用 Rigaku D/Max-3 B 衍射仪（日本 Shimadzu），利用石墨单色 Cu K 射线进行 X 射线粉末衍射（$\lambda = 1.5406$Å），从而对样品进行晶态及元素分析，2θ 角以 2°/min 的速率从 20°扫描到 80°。热重分析（TGA）在美国 Q600 SDT（TA）型热重分析仪上进行，使用条件：连续空气气氛（速率 100mL/min），升温速率 2℃/min。循环伏安采用传统的三室电解池，电化学工作站为 Autolab PGSTAT302N（瑞士万通），工作电极为旋转圆盘电极（RED，美国 PINE 公司，型号 AFMSRCE）。RED 电极表面催化剂层制备：用塑料微管将 5mL 催化剂分散液［混合物组成：5mg 催化剂+1mL 0.25%（质量分数）Nafion 117（乙醇稀释）］滴涂在直径为 5mm 的玻碳圆盘电极上，自然风干备用。Pt 丝电极和 Ag/AgCl（3mol/L KCl）分别作为对电极和参比电极，而 0.5mol/L HCOOH 和 0.5mol/L H$_2$SO$_4$ 组成的溶液作为催化活性测试的电解质。经计算，工作电极上的 Pt 载量为 7.5μg 或 38μg/cm^2。工作电极和对电极分别为 Pt 丝电极和饱和 KCl 的 Ag/AgCl 电极。用 0.5mol/L H$_2$SO$_4$+0.5mol/L 甲醇作为甲醇氧化的电解液。电化学表面积用 CO 溶出伏安进行测定，10% CO 氩气鼓泡通入 0.5mol/L H$_2$SO$_4$ 电解液中使之饱和，在鼓泡过程中，阳极电位设定在-0.1V 稳定 30min。CO 吸附后，使用高纯氩气快速鼓泡清除电解液中的大部分 CO。本节中所有的电位均参考饱和 KCl 的 Ag/AgCl 电极，电化学测试均在室温下进行。

3.2.3 核壳结构 Pt/TiO$_2$@Ru-C 催化剂的催化性能

实验发现，由于表面污染，Ru 纳米颗粒并未在未处理的 TiO$_2$ 上沉积成功，因此我们又对 TiO$_2$ 进行了空气气氛下的热处理。图

3-15 为热处理后的 TiO_2、TiO_2@Ru 以及 Pt/TiO_2@Ru-C 的 XRD 谱图。TiO_2 的 XRD 图可以通过标准谱图比对归为金红石相组成 (JCPDS #21-1276)[49,53,68]。与 TiO_2 的 XRD 图相比，TiO_2@Ru 中间体在 2θ 角为 22°时出现了一个新的宽峰，这可能是由于生成 RuO_2 之故。在 2θ 角为 44°的峰得到了加强，这可能是由于 hcp Ru 的（101）面产生的峰在该角度进行了叠加并得到加强。与 TiO_2@Ru 的 XRD 图相比，对于催化剂 Pt/TiO_2@Ru-C，由于铂纳米粒子和炭覆盖，只有一些强烈的 TiO_2 反射例如（110）、（101）、（111）、（211）等可以观察到。在 2θ 角为 40°左右产生了一个弱的弥散峰可以归于 fcc Pt (111)。

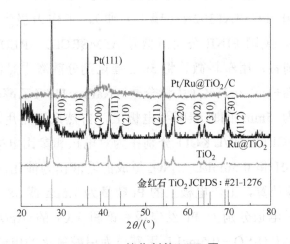

图 3-15 催化剂的 XRD 图

Pt/TiO_2@Ru-C 电催化剂的热重分析曲线如图 3-16 所示，在温度 300℃以下，质量损失小于 5%是由于失去物理吸附水和载体中无定形炭的燃烧造成的。假设钌和铂前驱体被完全还原，Pt/TiO_2@Ru-C 理论的 Pt、Ru 和 TiO_2 载量分别为 30%、1.7%和 13%。在 600℃以上时，催化剂的剩余质量为 46%。此外，采用电感耦合等离子体原子发射光谱（ICP-AES）定量分析了铂和钌的含量。为此，用王水去溶解（TiO_2 没被腐蚀）残留在 TG 分析最后的剩余物质并稀释，结果表明 Pt 和 Ru 载量分别为 29.5%和 1.6%，与上述标注载量一致。

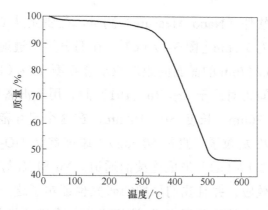

图 3-16　Pt/TiO$_2$@Ru-C 的热重分析图

图 3-17 为 TiO$_2$@Ru 的 TEM 图像及粒径分布直方图。砖形状 TiO$_2$ 的宽度为 30nm，长度为 50~100nm，超细钌纳米粒子被密集地负载在 TiO$_2$ 上面 [图 3-17（a）和（b）]。钌纳米粒子的粒径

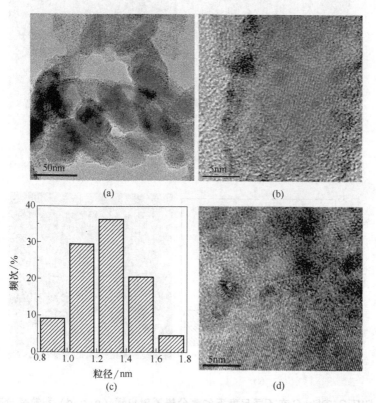

图 3-17　TiO$_2$@Ru 的在不同尺度下的高分辨透射电镜（a, b, d）和粒径分布图（c）

由专业软件（Nano Measure）测量，范围是从 0.9nm 到 1.7nm，平均值为 1.5nm [图 3-17（c）]。在高分辨率透射电镜中 [图 3-17（d）]，0.247nm 的晶面间距对应于金红石 TiO_2（101）面；0.193nm 的晶面间距对应 hcp Ru（101）面。用于准备实验的 TiO_2 大约宽度为 30nm，长度 50~100nm，在这个尺寸范围内的颗粒能够和 XC-72 炭粒子（直径 50 nm），通过贯穿 TiO_2 的渗透网和炭颗粒 [图 3-17（a）] 形成连续的通道。Yu 和 Xi 等人[54]的研究也有类似的效应，并且我们早期的研究也证实了这一点[69]。对于燃料电池反应中的小分子来说,这样产生的介孔通道是很容易通过的。

图 3-18 为 Pt/TiO_2@Ru-C 的 TEM 及其粒径分布直方图。纳米颗粒均匀地负载在载体上，具有非常完美的分散性。即使在缩小的视图中也没有观察到任何明显的团聚现象 [图 3-18（a）]，

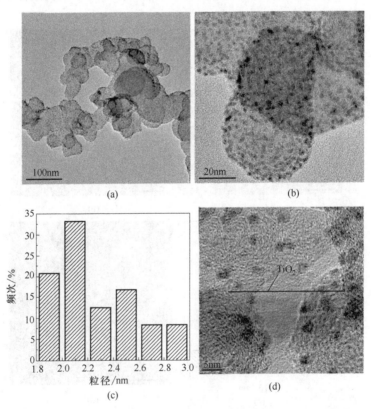

图 3-18　Pt/TiO_2@Ru-C 在不同尺度下的高分辨透射电镜（a, b, d）和粒径分布图（c）

从图 3-18（b）中可以清晰地观察到炭边界。Pt 纳米颗粒尺寸的范围从 1.9nm 到 2.9nm，平均尺寸为 2.3nm［图 3-18（c）］。在图 3-18（d）的高分辨 TEM 图像中，砖形 TiO_2 插入炭颗粒之间，以至于产生了大量的 TiO_2-Pt-C 界面，促进了燃料电池反应中的传质。因此，Pt/TiO_2@Ru-C 的微观结构很好地证实了催化剂的设想，即预先形成的 Ru 在后续阶段中帮助了 Pt 的分散，并且 TiO_2 纳米砖插在 XC-72 炭颗粒之间，产生了大量的 TiO_2-Pt-C 界面。

Pt/TiO_2@Ru-C 催化剂、商用的 Pt/C-E-TEK（30% Pt）和 PtRu/C-E-TEK（Pt/Ru=1∶1，30% PtRu）的 CO 溶出伏安图对比如图 3-19（a）所示。总的来说，三种催化剂的循环伏安特性曲线与文献报道的一致，即在第一次扫描中完成了 CO 的氧化，而在第二次扫描中没有出现任何 CO 的氧化痕迹[43,70,71]。由图可以看出，商用的 Pt/C-E-TEK 的 CO 溶出曲线是对称的，而对于 Pt/TiO_2@Ru-C 和 PtRu/C-E-TEK，则发现了不对称的 CO 氧化峰曲线。Pt/TiO_2@Ru-C 的起始电位和峰值电位分别为 0.28V 和 0.58V，与 Pt/C-E-TEK（起始电位为 0.58V，峰值电位为 0.60V）相比，它们发生了负偏移。更低的 CO 氧化起始电位一定是由于 Ru 引起，尽管其负载量只有 1.7%（质量分数）。然而，Pt/TiO_2@Ru-C 的起始氧化电位和峰值电位相对于 PtRu/C-E-TEK 催化剂来说均偏正，这很可能是由于前者的钌含量(Pt/Ru=9∶1)比商用的 PtRu/C-E-TEK（Pt/Ru=1∶1）低得多。在这一点上，我们不能区分 TiO_2 是否促进了 CO 的氧化（更低的氧化电位）。Pt 的 ECSA 可由 CO 溶出伏安的峰面积计算出，Pt/TiO_2@Ru-C 的 ECSA 值为 82.9m^2/g，分别比 Pt/C-E-TEK（66.7m^2/g）高 7.8%，比 PtRu/C-E-TEK（76.9m^2/g）高 24.3%。

另一方面，假设 Pt 纳米粒子全部是单分散的理想球形粒子，可以通过 $S = \dfrac{6 \times 10^3}{d \times \rho}$ 的计算公式得到 Pt 纳米颗粒的比表面积。通过平均直径 d = 2.3nm（TEM 数据）和 ρ = 21.4g/cm^3 的数值，来进行上述计算。Pt/TiO_2@Ru-C 通过计算得到的几何表面积为 122m^2/g。Pt/TiO_2@Ru-C 中 Pt 的利用率，即 ECSA 占几何表面积

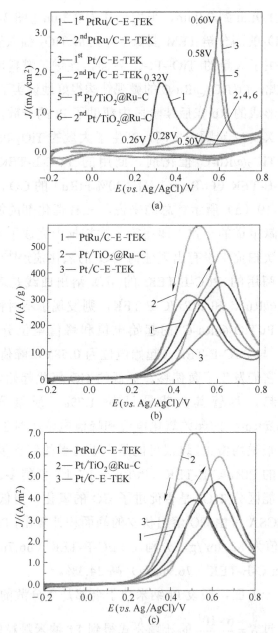

图 3-19 Pt/TiO$_2$@Ru-C、商用的 Pt/C-E-TEK（30% Pt）和 PtRu/C-E-TEK 在室温下的电化学性能，扫描速率 20mV/s

(a) CO 溶出伏安，电解液 0.5mol/L H$_2$SO$_4$；(b) 质量归一化甲醇氧化活性，电解液 0.5mol/L H$_2$SO$_4$ + 0.5mol/L 甲醇；(c) ECSA 归一化甲醇氧化活性

的比例为68.0%。应该注意到，由TEM观察到的Pt/TiO$_2$@Ru-C中Pt和Ru纳米粒子的尺寸和分散度，应该会得到较高的Pt利用率，但事实并非如此。Pt/TiO$_2$@Ru-C的利用率相对较低（68%）可能是由于添加TiO$_2$的负面效应（可能降低电导率），但TiO$_2$以及活性炭产生的介孔结构也提升了小分子的传质，它们之间应该是一个综合作用。

催化剂的甲醇氧化电催化性能评价如图3-19（b）所示，采用循环伏安法进行扫描，正向扫描过程中，在0.63V时Pt/TiO$_2$@Ru-C、PtRu/C-E-TEK和Pt/C-E-TEK测定的峰值电流密度分别为487A/g、362A/g和263A/g；相对于Pt/C-E-TEK来说，Pt/TiO$_2$@Ru-C的单位质量活性增强了68.4%，超过了大多数文献关于TiO$_2$促进催化剂性能的报道（例如文献[52]报道的397A/g；文献[60]报道的362A/g）。Pt/TiO$_2$@Ru-C的活性增强可能与互穿TiO$_2$-Pt-C粒子网络中产生的空隙有关。这种Pt/TiO$_2$@Ru-C催化剂结构显著提高了活性位点可及性以及反应物和产物的输运速度，从而导致ECSA和单位质量活性的增加。我们注意到Pt/TiO$_2$@Ru-C的平均粒径为2.3nm，恰好落在Yoo等人[24]报道的最佳范围内。用峰值电流除以ECSA归一化可以得到比活性（SA），通过计算Pt/TiO$_2$@Ru-C、PtRu/C-E-TEK和Pt/C-E-TEK的比活性分别为5.87A/m^2、4.68A/m^{2}和3.91A/m^2。因此，Pt/TiO$_2$@Ru-C本质上活性的增加是由于TiO$_2$的加入，而且不能简单地归因于表面积的增加。为了清晰起见，图3-19的关键电化学结果列于表3-4。在0.45V条件下，Pt/TiO$_2$@Ru-C和Pt-C-E-TEK催化剂的电流-时间图如图3-20所示，发现Pt/TiO$_2$@Ru-C活性从5.76mA/cm^{2}降至1.88mA/cm^2，比Pt/C-E-TEK（4.36mA/cm^{2}降至1.05mA/cm^2）下降得更缓慢。

表3-4 催化剂的电化学表征结果

催化剂	Q_{co}/mC	比表面/cm^2	ECSA/(m^2/g)	起始电位/V	峰电位/V
Pt/TiO$_2$@Ru-C	2.61	6.2	82.9	0.28	0.58
PtRu/C-E-TEK	2.42	5.8	76.9	0.26	0.32
Pt/C-E-TEK	2.1	5.0	66.7	0.50	0.60

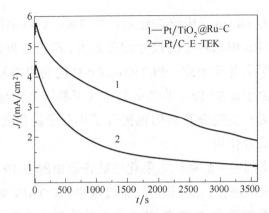

图 3-20 两种催化剂在 0.45V 时的 I-t 曲线

为了评估 Pt/TiO$_2$@Ru-C 的寿命，在 0.5mol/L H$_2$SO$_4$ 中，以 50mV/s 的扫描速率在 -0.2~1.0V 区间对催化剂进行多次（2000次）循环伏安扫描（AST），如图 3-21 所示。为了对比，我们还对 PT/C-E-TEK 进行了 AST 检测，结果如图 3-22 所示。用从 -0.2V 到 0.1V 氢吸附区来计算电化学活性面积（ECSA），由图 3-21 可以看到，在正向扫描中，起始的氧化电位（用黑色实线箭头表示），随着扫描次数的增加而增大（第 1 次扫描为 0.53V，第 2000 次扫描为 0.61V）。而在电位循环过程中，负向扫描中铂氧化物的还原峰电位几乎保持不变（用虚线箭头表示）。在 0.47V 的正扫描中，通过扫描增加的电流密度可以归为 XC-72 炭[57]的氢醌-醌（HQ-Q）氧化还原对上，说明这类材料的耐腐蚀性较差。

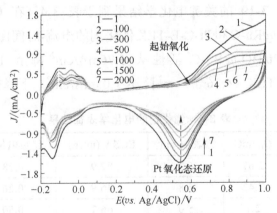

图 3-21 Pt/TiO$_2$@Ru-C 催化剂寿命测试（AST）

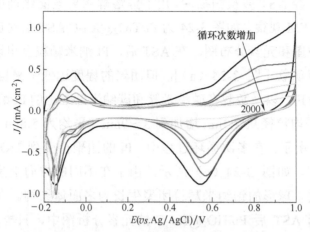

图 3-22 Pt/C-E-TEK 催化剂寿命测试（AST）
扫描次数分别为：1，100，300，500，1000，1500，2000

第 1 次、第 100 次和第 2000 次扫描的 ECSA 分别为 74.6m²/g、64.9m²/g 和 44.8m²/g。相比之下，Pt/C-E-TEK 的 ECSA 分别从 65m²/g（第 1 次）下降到 37m²/g（第 2000 次）。为了清晰起见，对比了两种催化剂的 ECSA 随扫描次数的衰减曲线，如图 3-23 所示。Pt/TiO$_2$@Ru-C 具有极佳的稳定性，甚至超过了负载在碳纳米管或碳纳米纤维上的电催化剂[67]，并且远远优于添加了 TiO$_2$[56,58] 的 Pt 基电催化剂。

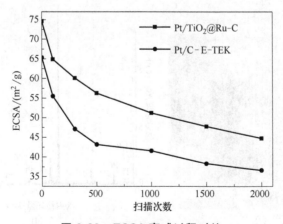

图 3-23 ECSA 衰减过程对比

经 AST 多次扫描后，用乙醇溶解剥离电催化剂层并且对其进行 TEM 观察，如图 3-24 为 Pt/TiO$_2$@Ru-C AST 后对应粒子的分布直方图和元素分布图。在 AST 后，Pt 纳米颗粒会出现无法避免的团聚现象 [图 3-24（a）]，但团聚的程度远低于来自商业的 Pt/C（E-TEK）以及负载在碳纳米管和碳纳米纤维上的 Pt 纳米颗粒[49,67]。Pt 平均粒径从 2.3nm 增加到 3～9nm（平均为 5.8nm），如图 3-24（b）所示。在多次循环过程中，Pt 的团聚会受到 TiO$_2$ 介孔结构的限制，如图 3-24（c）所示。由于在不同的方向上呈现出差异的性质，球形的铂纳米颗粒团聚生长为多面体结构。在图 3-24（d）所示 AST 后 Pt/TiO$_2$@Ru-C 的元素分析图中，只检测到了 Pt 和

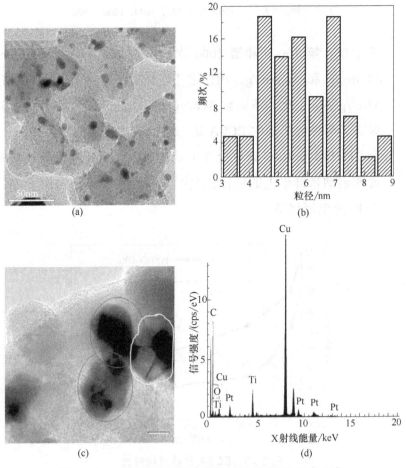

图 3-24 AST 多次扫描后催化剂的 TEM 及元素分布

Ti 的存在，没有发现 Ru，这可能是 Ru 在乙醇中溶解度极低的原因。总之，AST 后 Pt/TiO$_2$@Ru-C 的透射电镜结果证实了其良好的稳定性。

3.3 双金属 Pt-Os 催化剂与 Pt-Ru（TiO$_2$稳定的）催化剂性能比较

首先以多元醇共还原法和分步还原法分别制备了材料负载的 Pt、Os 双金属催化剂，制备方法对电催化剂的组成、粒径、氧化态以及甲醇氧化反应的电化学性能都有很大的影响。与共还原法制备的催化剂相比，分步还原法制备的 PtOs-2/C 催化剂拥有很好的甲醇氧化催化活性，单位质量活性和比活性分别为 528mA/mg（以 PtOs 计）和 0.98mA/cm^2，分别提高 46%和 42%，且拥有很高的抗 CO 中毒能力。

其次在乙二醇与水的混合溶剂（EG/H$_2$O = 1∶1，体积比）中，通过改进的两步多元醇法制备成功合成了具有潜在商业价值的 Pt/TiO$_2$@Ru-C 高性能载 Pt 核壳结构催化剂。我们发现铂和钌非常均地分散在 Pt/TiO$_2$@Ru-C 上，金属钌和铂的平均尺寸分别为 1.5nm 和 2.3nm。Pt/TiO$_2$@Ru-C 的 ECSA 为 82.9m^2/g，铂利用率为 68%，AST 结束后，Pt/TiO$_2$@Ru-C 的 ECSA 保持在 44.8m^2/g。在 0.5mol/L 甲醇和 0.5mol/L 硫酸电解液中，Pt/TiO$_2$@Ru-C、C-E-TEK 和 Pt/C-E-TEK 对甲醇电催化氧化活性分别为 487A/g、362A/g 和 263A/g。在 AST 后通过 TEM 观测发现，催化剂 Pt/TiO$_2$@Ru-C 中 Pt 纳米颗粒会出现团聚现象，然而团聚的程度远低于来自商业的 Pt/C 催化剂，在多次循环过程中，Pt 的团聚会受到 TiO$_2$ 介孔结构的限制，由于在不同的方向上呈现出差异的性质，球形铂纳米颗粒团聚生长为多面体结构。

很明显，Pt-Os 双金属催化剂单位质量活性（528A/g）与 Pt-Ru 双金属催化剂 Pt/TiO$_2$@Ru-C 纳米结构（487A/g）相比要略高，但 Pt/TiO$_2$@Ru-C 催化剂中包含少量非贵金属的 TiO$_2$，其成本忽略不计，如果只计算 Pt-Ru，两者的贵金属催化活性基本相当；从催化剂的稳定性来说，Pt-Os 双金属催化剂的衰减要比 Pt/TiO$_2$@Ru-C 严重得多，而且 Os 金属有毒，且价格昂贵，总体评价 Pt/TiO$_2$@Ru-C 催化性能要优于 Pt-Os 催化剂，但无论哪种催化剂，都是对 MOR 高性能催化剂的有益探索。

参考文献

[1] Ehteshami S M, Chan S H. A review of electrocatalysts with enhanced CO tolerance and stability for polymer electrolyte membarane fuel cells[J]. Electrochim Acta, 2013, 93: 334-345.

[2] Zhao X, Yin M, Ma L, et al. Recent advances in catalysts for direct methanol fuel cells[J]. Energy Environ Sci, 2011, 2736-2753.

[3] Serov A, Kwak C. Review of non-platinum anode catalysts for DMFC and PEMFC application[J]. Appl Catal B: Environ, 2009, 90: 313-320.

[4] Rees N V, Compton R G. Sustainable energy: a review of formic acid electrochemical fuel cells[J]. J Solid State Electrochem, 2011, 15: 2095-2100.

[5] Sasakia K, Wang J X, Naohara H, et al. Recent advances in platinum monolayer electrocatalysts for oxygen reduction reaction: scale-up synthesis, structure and activity of Pt shells on Pd cores[J]. Electrochim Acta, 2010, 55: 2645-2652.

[6] Shao M, Sasakia K, Marinkovicb N S, et al. Synthesis and characterization of platinum monolayer oxygen reduction electrocatalysts with Co-Pd core-shell nanoparticle supports[J]. Electrochem Commun, 2007, 9: 2848-2853.

[7] Lim D H, Lee W D, Choi D H, et al. Effect of ceria nanoparticles into the Pt/C catalyst as cathode material on the electrocatalytic activity and durability for low-temperature fuel cell[J]. Appl Catal B: Environ, 2010, 94: 85-96.

[8] Chen A, Holt-Hindle P. Platinum-based nanostructured materials: synthesis, properties, and applications[J]. Chem Rev, 2010, 110: 3767-3804.

[9] Dillona R, Srinivasana S, Aricob A S, et al. International activities in DMFC R&D: status of technologies and potential applications[J]. J Power Sources, 2004, 127: 112-126.

[10] Arico A S, Srinivasana S, Antonucci V. Fuel cells-fundamentals and applications[J]. Fuel Cells, 2001, 1: 1-29.

[11] Wasmus S, Kuver A. Methanol oxidation and direct methanol fuel cells: a

selective review[J]. Journal of Electroanal Chem, 1999, 461: 14-31.

[12] Li Y X, Zheng L P, Liao S J, et al. Pt^Ru/C catalysts synthesized by a two-stage polyol reduction process for methanol oxidation reaction[J]. J Power Sources, 2011, 196: 10570-10575.

[13] Ye F, Yang J H, Hu W W, et al. Electrostatic interaction based hollow Pt and Ru assemblies toward methanol oxidation[J]. RSC Adv, 2012, 2: 7479-7486.

[14] Hsieh Y C, Chang L C, Wu P W, et al. Displacement reaction of Pt on carbon-supported Ru nanoparticles in hexachloroplatinic acids[J]. Appl Catal B: Environ, 2011, 103: 116-127.

[15] Zeng J H, Han M J, Lu X Y, et al. Highly ordered and surfactant-free Pt_xRu_y bimetallic nanocomposites synthesized by electrostatic self assembly for methanol oxidation reaction[J]. Electrochim Acta, 2013, 112: 431-438.

[16] Zeng J H, Lee J Y. Effects of preparation conditions on performance of carbon-supported nanosize Pt-Co catalysts for methanol electro-oxidation under acidic conditions[J]. J Power Sources, 2005, 140: 268-273.

[17] Zeng J H, Lee J Y. Ruthenium-free, carbon-supported cobalt and tungsten containing binary & ternary Pt catalysts for the anodes of direct methanol fuel cells[J]. Int J Hydrogen Energy, 2007, 32: 4389-4396.

[18] Gurau B, Viswanathan R, Liu R X, et al. Structural and electrochemical characterization of binary, ternary, and quaternary platinum alloy catalysts for methanol electro-oxidation[J]. J Phys Chem B, 1998, 102: 9997-10003.

[19] Atwan M H, Northwood D O, Gyenge E L. Evaluation of colloidal Os and Os-alloys (Os-Sn, Os-Mo and Os-V) for electrocatalysis of methanol and borohydride oxidation [J]. Int J Hydrogen Energy, 2005,30: 1323-1331.

[20] Liu W, Huang J. Electro-oxidation of formic acid on carbon supported Pt-Os catalyst[J]. J Power Sources, 2009, 189: 1012-1015.

[21] Santiago E I, Ticianelli E A. The performance of carbon-supported PtOs electrocatalysts for the hydrogen oxidation in the presence of CO[J]. Int J Hydrogen Energy, 2005, 30: 159-165.

[22] Oliveira M B, Profeti L P R, Olivi P. Methanol oxidation on carbon-supported Pt-Os bimetallic nanoparticle electrocatalysts[J]. Electrochem Commun, 2005, 7: 703-709.

[23] Zhu Y, Cabrea C R. Synthesis and characterization of Os and Pt-Os/Carbon nanocomposites and their relative performance as methanol electrooxidation catalysts[J]. Electrochem Solid-State Lett, 2001, 4: A45-A48.

[24] Huang J, Yang H, Huang Q Y, et al. Methanol oxidation at the electrochemical codeposited Pt-Os composite electrode[J]. J Electrochem Soc, 2004, 151: A1810-A1815.

[25] Moore J T, Chu D, Jiang R, et al. Novel synthesis of highly active Pt/C cathode electrocatalyst for direct methanol fuel cell[J]. Chem Mater, 2003, 15: 1119-1124.

[26] Li Z P, Li M W, Han M J, et al. Preparation and characterizations of carbon-supported PtOs electrocatalysts via a polyol reduction method for methanol oxidation reaction[J]. J Power Sources, 2014, 268: 824-830.

[27] Su F B, Zeng J H, Yu Y, et al. A simple eco-friendly solution phase reduction method for the synthesis of polyhedra platinum nanoparticles with high catalytic activity for methanol electrooxidation[J]. Carbon, 2005, 43: 2366-2373.

[28] Zeng J H. Facile synthesis of hollow spherical sandwich PtPd/C catalyst by electrostatic self-assembly in polyol solution for methanol electrooxidation[J]. J Mater Chem, 2012, 22: 3170-3176.

[29] Chua Y Y, Wang Z B, Jiang Z Z, et al. Carbon nanotubes decorated with Pt nanoparticles via electrostatic self-assembly: a highly active oxygen reduction electrocatalyst[J]. J Power Sources, 2012, 203: 17-25.

[30] Zhang S, Shao Y, Yin G P, et al. Self-assembly of Pt nanoparticles on highly graphitized carbon nanotubes as an excellent oxygen-reduction catalyst[J]. J Mater Chem, 2010, 20: 2826-2830.

[31] Zhang S, Shao Y, Yin G P, et al. One-pot synthesis of three-dimensional platinum nanochain networks as stable and active electrocatalysts for oxygen reduction reactions[J]. Appl Catal B: Environ, 2011, 102: 372-377.

[32] Xu J, Fu G, Tang Y, et al. One-pot synthesis of three-dimensional platinum nanochain networks as stable and active electrocatalysts for oxygen reduction reactions[J]. J Mater Chem, 2012, 22: 13585-18390.

[33] Liu R, Iddir H, Fan Q, et al. Potential-Dependent infrared absorption spectroscopy of adsorbed CO and X-ray[J]. J Phys Chem B, 2000, 104: 3518-3531.

[34] Goodenough J B, Hamnett A, Kennedy B J, et al. XPS investigation of platinized carbon electrodes for the direct methanol air fuel cell[J]. Electrochim Acta, 1987, 32: 1233-1238.

[35] Ochala P, Tsypkina M, Selanda F, et al. CO stripping as an electrochemical tool for characterization of Ru@Pt core-shell catalysts[J]. J Electroanal Chem, 2011, 655: 140-146.

[36] Jeon T Y, Yoo S J, Cho Y H, et al. Electrochemical determination of the surface composition of Pd–Pt core-shell nanoparticles[J]. Electrochem Commun, 2013, 28: 114-117.

[37] Feng L, Si F, Yao S, et al. Effect of deposition sequences on electrocatalytic properties of PtPd/C catalysts for formic acid electrooxidation[J]. Catal

Commun, 2011, 12: 772-775.

[38] Zeng J H, Lee J Y, Chen J, et al. Increased metal utilization in carbon-supported Pt catalysts by adsorption of preformed Pt nanoparticles on colloidal silica[J]. Fuel Cells, 2007, 7: 285-290.

[39] Chen A, Holt-Hindle P. Platinum-based nanostructured materials: synthesis, properties, and applications[J]. Chemical Reviews, 2010, 110: 3767-3804.

[40] Tian J, Sun G, Jiang L, et al. Highly stable PtRuTiOx/C anode electrocatalyst for direct methanol fuel cells[J]. Electrochem Commun, 2007, 9: 563-568.

[41] Xiao M, Feng L, Zhu J, et al. Rapid synthesis of a PtRu nano-sponge with different surface compositions and performance evaluation for methanol electrooxidation[J]. Nanoscale, 2015, 7: 9467-9471.

[42] Wu B, Wang C, Cui Y, et al. Tailoring carbon nanotubes surface with maleic anhydride for highly dispersed PtRu nanoparticles and their electrocatalytic oxidation of methanol[J]. RSC Adv, 2015, 5: 16986-16992.

[43] Takimoto D, Ohnishi T, Sugimoto W. Suppression of CO adsorption on PtRu/C and Pt/C with RuO_2 nanosheets[J]. ECS Electrochem Lett, 2015, 4: F35-F37.

[44] Li Z, Li M, Han M, et al. Highly active carbon supported palladium catalysts decorated by a trace amount of platinum by an in-situ galvanic displacement reaction for formic acid oxidation[J]. J Power Sources, 2015, 278: 332-339.

[45] Antolini E. Composite materials: an emerging class of fuel cell catalyst supports[J]. Appl Catal B: Environ, 2010, 100: 413-426.

[46] Trogadas P, Fuller T F, Strasser P. Carbon as catalyst and support for electro-chemical energy conversion[J]. Carbon, 2014, 75: 5-42.

[47] Trongchuankij W, Pruksathorn K, Hunsom M. Preparation of a high performance Pt–Co/C electrocatalyst for oxygen reduction in PEM fuel cell via a combined process of impregnation and seeding[J]. Appl energy, 2011, 88: 974-980.

[48] Lin C L, Wang C C. Enhancement of electroactivity of platinum-tungsten trioxide nanocomposites with NaOH-treated carbon support toward methanol oxidation reaction[J]. Appl energy, 2016, 164: 1043-1051.

[49] Han M, Li M, Wu X, et al. Highly stable and active Pt electrocatalysts on TiO_2-Co_3O_4-C composite support for polymer exchange membrane fuel cells[J]. Electrochim Acta, 2015, 154: 266-272.

[50] Ehteshami S M M, Chan S H. A review of electrocatalysts with enhanced CO tolerance and stability for polymer electrolyte membarane fuel cells[J]. Electrochim Acta, 2013, 93: 334-345.

[51] Li L, Hu L, Li J, et al. Enhanced stability of Pt nanoparticle electrocatalysts for fuel cells[J]. Nano Research, 2015, 8: 418-440.

[52] Wang W, Wang H, Key J, et al. Nanoparticulate TiO$_2$-promoted PtRu/C catalyst for methanol oxidation[J]. Ionics, 2013, 19: 529-534.

[53] Ito Y, Takeuchi T, Tsujiguchi T, et al. Ultrahigh methanol electro-oxidation activity of PtRu nanoparticles prepared on TiO$_2$-embedded carbon nanofiber support[J]. J Power Sources, 2013, 242: 280-288.

[54] Yu L, Xi J. TiO$_2$ nanoparticles promoted Pt/C catalyst for ethanol electro-oxidation[J]. Electrochim Acta, 2012, 67: 166-171.

[55] Yoo S J, Jeon T Y, Cho Y H, et al. Particle size effects of PtRu nanoparticles embedded in TiO$_2$ on methanol electrooxidation[J]. Electrochim Acta, 2010, 55: 7939-7944.

[56] Savych I, D'arbigny J B, Subianto S, et al. On the effect of non-carbon nanostructured supports on the stability of Pt nanoparticles during voltage cycling: a study of TiO$_2$ nanofibres[J]. J Power Sources, 2014, 257: 147-155.

[57] Lo C P, Wang G, Kumar A, et al. TiO$_2$–RuO$_2$ electrocatalyst supports exhibit exceptional electrochemical stability[J]. Appl Catal B: Environ, 2013, 140: 133-140.

[58] Jiang Z Z, Wang Z B, Chu Y Y, et al. Ultrahigh stable carbon riveted Pt/TiO$_2$–C catalyst prepared by in situ carbonized glucose for proton exchange membrane fuel cell[J]. Energy Environ Science, 2011, 4: 728-735.

[59] Bauer A, Song C, Ignaszak A, et al. Improved stability of mesoporous carbon fuel cell catalyst support through incorporation of TiO$_2$[J]. Electrochim Acta, 2010, 55: 8365-8370.

[60] Zhang L, Kim J, Zhang J, et al. Ti$_4$O$_7$ supported Ru@ Pt core–shell catalyst for CO-tolerance in PEM fuel cell hydrogen oxidation reaction[J]. Appl energy, 2013, 103: 507-513.

[61] Ho V T, Pillai K C, Chou H, et al. Robust non-carbon Ti$_{0.7}$Ru$_{0.3}$O$_2$ support with co-catalytic functionality for Pt: enhances catalytic activity and durability for fuel cells[J]. Energy Environ Sci, 2011, 4: 4194-4200.

[62] Li Y, Zheng L, Liao S, et al. PtRu/C catalysts synthesized by a two-stage polyol reduction process for methanol oxidation reaction[J]. J Power Sources, 2011, 196: 10570-10575.

[63] Zheng Y, Dou Z, Fang Y, et al. Platinum nanoparticles on carbon-nanotube support prepared by room-temperature reduction with H$_2$ in ethylene glycol/water mixed solvent as catalysts for polymer electrolyte membrane fuel cells[J]. J Power Sources, 2016, 306: 448-453.

[64] Li Z P, Guo Y, Liu Z, et al. Highly stable and efficient platinum nanoparticles supported on TiO$_2$@Ru-C: investigations on the promoting effects of the interpenetrated TiO$_2$[J]. Electrochim Acta, 2016, 216: 8-15.

[65] Sebastián D, Stassi A, Siracusano S, et al. Influence of metal oxide additives on the activity and stability of PtRu/C for methanol electro-oxidation[J]. J Electrochem Soc, 2015, 162: F713- F717.

[66] Kolla P, Smirnova A. Methanol oxidation on hybrid catalysts: PtRu/C nano-structures promoted with cerium and titanium oxides[J]. Int J Hydrogen Eenergy, 2013, 38: 15152-15159.

[67] Li M, Wu X, Zeng J, et al. Heteroatom doped carbon nanofibers synthesized by chemical vapor deposition as platinum electrocatalyst supports for polymer electrolyte membrane fuel cells[J]. Electrochim Acta, 2015, 182: 351-360.

[68] Zhou G, Dou R, Bi H, et al. Ru nanoparticles on rutile/anatase junction of P_{25} TiO_2: controlled deposition and synergy in partial hydrogenation of benzene to cyclohexene[J]. J Catal, 2015, 332: 119-126.

[69] Zeng J, Lee J, Chen J, et al. Increased metal utilization in carbon‐supported Pt catalysts by adsorption of preformed Pt nanoparticles on colloidal silica[J]. Fuel Cells, 2007, 7: 285-290.

[70] Li Z, Li M, Han M, et al. Preparation and characterizations of highly dispersed carbon supported Pd_xPt_y/C catalysts by a modified citrate reduction method for formic acid electrooxidation[J]. J Power Sources, 2014, 254: 183-189.

[71] Zeng J, Han M, Lu X, et al. Highly ordered and surfactant-free Pt_xRu_y bimetallic nanocomposites synthesized by electrostatic self assembly for methanol oxidation reaction[J]. Electrochim Acta, 2013, 112: 431-438.

第4章 Pt-Pd 双金属协同催化用于甲酸电氧化

4.1 高分散 Pd-Pt 双金属催化剂
4.2 高性能炭载微量铂修饰的钯催化剂
4.3 从高分散 Pd-Pt 双金属催化剂到微量 Pt 修饰的 Pd 催化剂

在便携式电源设备的应用中，聚合物电解质膜燃料电池（PEMFC）被普遍认为是锂离子电池的最有希望的替代者[1-4]。尽管氢燃料电池一直是 PEMFC 的主流，但仍受到以 Pt 为主的电催化剂的成本、氢安全性以及低能量密度等一系列问题的限制。排在第二位的直接甲醇燃料电池（DMFC），由于采用液体燃料方式，具有令人瞩目的高能量密度（4690W·h/L），但阳极的甲醇的电催化氧化速率相比于 H_2 要低得多。此外，由于与 Nafion 膜的甲醇相容性有限，只允许低浓度的燃料注入 DMFC[5,6]。作为 DMFC 的潜在替代者，直接甲酸燃料电池（DFAFC）具有更高的电动势（开路电位 1.48V），高于 DMFC 和 PEMFC，而且甲酸在室温下通常被认为是安全的，并具有其他诸多优势而受到科研人员的广泛关注。

甲酸有两种最常见的氧化机制：一种是通过所谓的"平行或双途径"形成弱吸附的 CO 中间体；另一种是直接氧化途径机制，甲酸直接脱氢反应发生 CO_2 作为最终产物[7-9]。与甲醇反应路径不同，甲酸的电化学氧化可通过上述两种途径进行，特别在 Pd 催化剂上，主要通过直接路径生成 H_2O 和 CO_2，从而减少了催化剂表面毒化物种的形成（如 CO），过程如图 4-1 所示。

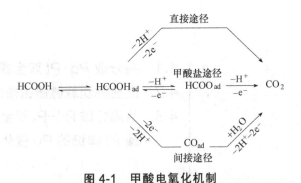

图 4-1　甲酸电氧化机制

甲酸的电氧化通常由炭负载铂或铂基催化剂[10]催化。然而，由于 Pt 基催化剂易 CO 中毒（平行途径机制），其在直接甲酸燃料电池的性能并不理想[8,11-16]。由于甲酸在 Pd 催化剂上的电化学氧化直接产生二氧化碳，而不形成吸附的 CO 中间体[17]，因此

Pd 或 Pd 基甲酸氧化催化剂受到了广泛的关注。然而，虽然 Pd 催化剂的电池性能优于 Pt 催化剂，但由于 Pd 在酸性溶液[18]中易溶解，Pd 催化剂在长时间的电位循环过程中逐渐降解。因此，在 DFAFC 电池中，单独使用 Pt 或 Pd 催化剂性能高但寿命短，反之亦然。结合铂和钯的优点，形成炭载体 Pd_xPt_y 协同催化剂似乎是一个很有前途的出路，可以更好地解决降解 CO 中毒和 Pd 溶解问题[11,12,19-21]。

4.1 高分散 Pd-Pt 双金属催化剂

为了得到 Pd_xPt_y 高活性催化剂，添加高分子表面活性剂用于精细分散是文献中常用的做法。例如，Baranova 等人[12]以聚 N-乙烯基-2-吡咯烷酮（PVP）为稳定剂、以多元醇为还原剂合成了炭载 Pd_xPt_{1-x} 催化剂，发现粒径为 4nm 的 $Pd_{0.5}Pt_{0.5}$ 催化剂具有更好更稳定的甲酸氧化活性。Li 和 Hsing[20]研究了以 3-磺丙基十二烷基二甲基甜菜碱（SB12）为稳定剂、以甲醇为还原剂合成了 Pt_xPd_{1-x}，发现由于 Pd 和 Pt 之间可能存在协同作用，使用共沉积法优于顺序沉积法。此外，Feng 等人[19]也发现了沉积顺序对 Pt-Pd/C 的甲酸氧化电催化活性的影响，发现"Pt + Pd"催化剂由于协同作用，其催化活性和稳定性大大提高。Zhang 等人[11]报道采用乙二胺四乙酸（EDTA）为稳定剂、以 $NaBH_4$ 为还原剂制备了催化剂 Pd_xPt_{1-x}/C，通过优化发现 $Pd_{0.9}Pt_{0.1}/C$ 是最佳催化剂，在较多分离出的 Pt 位点上产生 CO 中毒的抑制作用。在之前的工作中，我们研究了 Pd_xPt_{1-x}/C 阳极催化剂对自呼吸空气直接甲酸燃料电池性能和稳定性的影响[22]。采用乙二醇为还原剂和以绝对过量柠檬酸盐（柠檬酸盐与前驱体的摩尔比为 7.5∶1）为稳定剂得到了分散性非常好的催化剂，然而使用高分子稳定剂的缺点是催化剂活性位点容易被覆盖。最近，我们开发了一种柠檬酸还原法辅助无机盐稳定法制备纳米 Pt 催化剂用于甲醇氧化。无机盐 KNO_3 的辅助稳定作用使柠檬酸盐的加入量降至最低。在本工作中，我们[23]以柠檬酸为还原剂、KNO_3 为稳定剂制备了炭载的 Pd 和 Pd_xPt_y 阳极催化剂，获得了平均粒径为 3nm 的超细分散 Pd_xPt_y/C 催化剂，并通过透射电镜和 X 射线光电子能谱对催化剂催化氧化甲酸进行了表征。

4.1.1 高分散 Pd-Pt 双金属催化剂的制备

氯铂酸（$H_2PtCl_6·6H_2O$）和氯化钯（$PdCl_2$）购于沈阳金科试剂有限公司，柠檬酸钠（$Na_3Cyt·2H_2O$）、硝酸钾（KNO_3）、甲酸（HCOOH，88%）、硫酸（H_2SO_4，98%）均为国药集团试剂，Nafion 117（5%）溶液购于美国杜邦公司，上述试剂在使用之前均未做进一步处理。实验过程所使用水来自 Milli-Q 超纯水系统。催化剂载体使用美国 Cabot 公司 Vulcan XC-72 型活性炭，使用之前分别用丙酮和 $HNO_3 + H_2O_2$ 混合溶液洗涤三次，真空干燥后 BET 比表面积为 $225m^2/g$。所有使用的玻璃容器和磁子全部用王水浸泡处理，最后用超纯水清洗干净。

Pd_1Pt_1/C 的制备：将 2.5mL 0.0386mol/L $H_2PtCl_6·6H_2O$（Pt 7.6mg/mL）和 0.93 mL 0.1109mol/L 的 $PdCl_2$（Pd 11.8mg/mL）水溶液加入 500mL 平底烧瓶中，并依次加入 7.7mL 0.0386mol/L 的 Na_3Cyt 溶液和 10.3mL 0.386mol/L KNO_3 溶液，然后加入超纯水至总体积达到 400mL。用 10% 的 KOH 溶液调节到溶液的 pH 值为 10。柠檬酸和硝酸钾和总的金属离子（Pt^{4+} 和 Pd^{2+}）的摩尔比控制在 1.5∶1 和 15∶1。将 120mg 处理好的 Vulcan XC-72 型活性炭加入到上述溶液中，并用磁力搅拌和超声将混合物混合成均一的分散液，通过计算得到 150mg 20%（质量分数）催化剂，过程如图 4-2 所示。将上述分散液转移到油浴中 100℃下反应 8h，然后过滤，用去离子水洗涤多次，在 70℃下真空干燥 12h。通过变换 Pt^{4+} 和 Pd^{2+} 的摩尔比，在相同的制备条件下，得到一系列 Pd_xPt_y/C （x，y 代表摩尔比）催化剂，如 Pd_2Pt_1/C、Pd_4Pt_1/C、Pd_6Pt_1/C 等。同时，由上述过程制备的 20%（质量分数）的 Pd 和 Pt 催化剂用于进行比较。

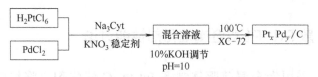

图 4-2　Pt_xPd_y/C 制备过程

4.1.2　高分散 Pd-Pt 双金属催化剂的表征与评价

TEM 表征用美国 FEI Tecnai G2 F20 S-Twin 场发射透射电子显微镜，加速电压为 200kV；XPS 为美国 AXIS Ultra DLD X 射线光电子能谱仪（Kratos，USA），结合能使用石墨的 C 1s（284.5eV）峰进行标定。

循环伏安实验采用传统的三室电化学电解池，电化学工作站为 Autolab PGSTAT302N（瑞士万通），工作电极为旋转圆盘电极（RED，美国 PINE 公司，型号 AFMSRCE）。RED 电极表面催化剂层制备：用塑料微管将 5mL 催化剂分散液[混合物组成：5mg 催化剂+1mL 0.25%（质量分数）Nafion 117 乙醇溶液]滴涂在直径为 5mm 的玻碳圆盘电极上，自然风干备用。Pt 丝电极和 Ag/AgCl（3mol/L KCl）分别作为对电极和参比电极，而 0.5mol/L HCOOH 和 0.5mol/L H_2SO_4 组成的溶液作为催化活性测试的电解质溶液。在 0.5mol/L H_2SO_4 中进行电化学活性表面积（ECSA）和 CO 溶出实验。本章中所有的电位均参比 3mol/L KCl 的 Ag/AgCl 电极。催化剂在电位-0.1～0.8V 区间以 20mV/s 的扫描速率使用 CV 多次循环直到稳定，然后记录循环伏安图。为避免高电位下 Pd 的氧化，将上限电位设置为 0.8V。为了研究催化剂的抗 CO 中毒能力，对催化剂进行 CO 溶出伏安实验，使用含 10% CO 氩气鼓泡通入电解液中使之饱和，在鼓泡过程中，阳极设定在-0.1V 稳定 30min。CO 吸附后，使用高纯氩气快速鼓泡清除电解液中的大部分 CO。CO 的溶出伏安从-0.1V 开始扫描，扫描区间为 0.8～-0.2V。第一次扫描完成了吸附物的完全氧化，第二次扫描未发现氧化，所有的电化学测试都是在室温下进行。

4.1.3 高分散 Pd-Pt 双金属催化剂性能讨论

采用贵金属前驱体制备 Pd_xPt_y/C 催化剂,将柠檬酸盐与金属前驱体的摩尔比保持在 1.5∶1,以减少在催化剂表面不利的吸附对催化剂活性的影响。为了提高纳米粒子的稳定性,可以加入适量的 KNO_3。在我们最近的研究[23]中发现,这种方法可以有效地产生分散良好的纳米颗粒。图 4-3 为催化剂的 TEM 图。不添加 Pt,以炭载 Pd 单独作为催化剂 [图 4-3(a)] 显示相对较差的分散度,钯纳米粒子团聚现象很严重,导致孤立的钯纳米粒子很少。相反,Pt/C 催化剂分散性很好 [图 4-3(b) 和 (c)],没有明显的颗粒团聚。在不使用无机盐的情况下,采用相同的柠檬酸与铂前驱体的原子比,其分散性比文献[24]中报道的要好。相比之下,双金属催化剂 Pd_2Pt_1/C 的分散度 [图 4-3(d),平均粒径为 3nm]

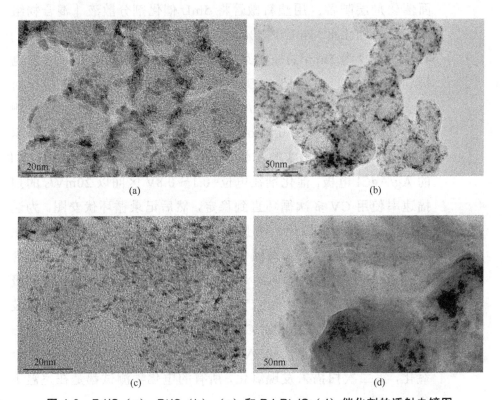

图 4-3 Pd/C(a)、Pt/C(b)、(c) 和 Pd_2Pt_1/C(d) 催化剂的透射电镜图

介于 Pd/C 和 Pt/C 之间,其大部分纳米粒子孤立存在,没有聚集。TEM 图像表明其余的 Pd_xPt_yPt/C 催化剂的分散性也比较好,这很可能与 Pt 的加入有关。可以得出结论,Pt 的加入改善了纳米 Pd 的分散性,这可能有助于提升双金属 PdPt 催化剂的稳定性。

Pd_xPt_y/C 催化剂的 Pd 3d 和 Pt 4f XPS 谱分别如图 4-4(a)和(b)所示。相对强度随 Pd 含量的增加而预期增大,Pd_1Pt_1/C < Pd_2Pt_1/C < Pd_4Pt_1/C < Pd_6Pt_1/C[如图 4-4(a)],反之亦然,相对强度随 Pt 含量的增加而预期下降,如图 4-4(b)。这些结果与合成中预先确定的 Pd/Pt 原子比一致。用 XPS 测定催化剂的 Pd/Pt 原子比见表 4-1,虽然催化剂的理论原子比与 XPS 表征存在偏差,但总体趋势一致。从表中发现 Pd_xPt_y/C 催化剂表面富 Pt 的有 Pd_1Pt_1/C、Pd_2Pt_1/C 和 Pd_4Pt_1,与此相反 Pd_6Pt_1/C 催化剂的表面富 Pd。

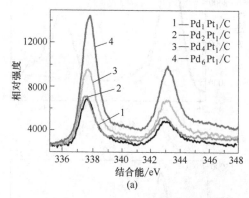
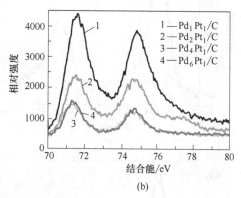

图 4-4 催化剂 Pd_xPt_y/C 的 XPS 谱
(a) Pd 3d 谱;(b) Pt 4f 谱

表 4-1 催化剂 Pd/Pt 原子比的理论值与 XPS 值分析

催化剂	理论原子比(Pd/Pt)	XPS 分析原子比(Pd/Pt)
Pd_1Pt_1/C	1∶1	0.65∶1
Pd_2Pt_1/C	2∶1	1.91∶1
Pd_4Pt_1/C	4∶1	2.84∶1
Pd_6Pt_1/C	6∶1	6.98∶1

图 4-4 中催化剂 Pd_xPt_y/C 的 XPS 谱进一步积分分别得到 Pd 3d 谱（图 4-5）和 Pt 4f 谱（图 4-6）。Pd 的 3d 谱被反卷积成两对双峰 Pd_1Pt_1/C ［图 4-5（a）］、Pd_2Pt_1/C ［图 4-5（b）］和 Pd_4Pt_1/C ［图 4-5（c）］催化剂：在 337.7eV 和 342.9eV 处较强的双峰是金属 Pd 的特征峰，在 338.8eV 和 342.9eV 处较弱的双峰是 PdO 的特征峰。相比之下，Pd_6Pt_1/C 催化剂只发现了金属钯的一对双峰 ［图 4-5（d）］。在图 4-6 中，对于 Pd_1Pt_1/C ［图 4-6（a）］和 Pd_2Pt_1/C ［图 4-6（b）］，Pt 4f 谱分别反卷积成两对双峰，而对于 Pd_4Pt_1/C ［图 4-6（c）］和 Pd_4Pt_1/C ［图 4-6（d）］，只发现一对金属 Pt 双峰。Pt 和 Pd 之间的相互作用可能是导致 Pd 和 Pt 氧化态差异的原因。

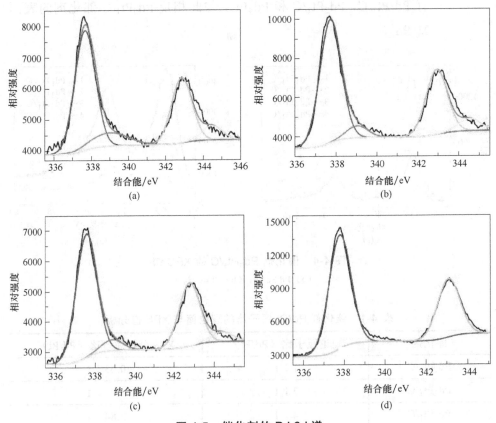

图 4-5　催化剂的 Pd 3d 谱
（a）Pd_1Pt_1/C；（b）Pd_2Pt_1/C；（c）Pd_4Pt_1/C；（d）Pd_6Pt_1/C

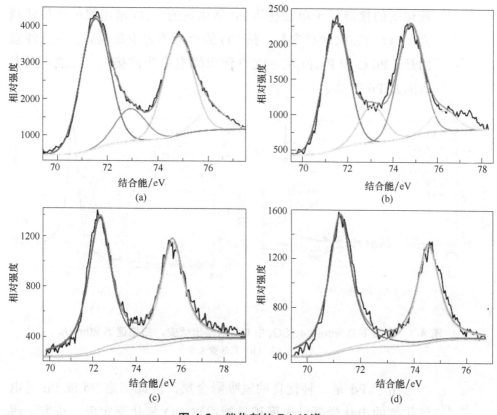

图 4-6 催化剂的 Pd 4f 谱

(a) Pd_1Pt_1/C；(b) Pd_2Pt_1/C；(c) Pd_4Pt_1/C；(d) Pd_6Pt_1/C

图 4-7（a）比较了催化剂的 CO 溶出伏安图。为了更好地说明 CO 溶出行为的差异，图 4-7（b）描绘了图 4-7（a）从 0.4～0.8V 的放大图。普遍认为 CO 溶出伏安法是表征抗 CO 中毒能力的一种非常有效的电化学工具[21,25]。从图可以看出，催化剂的伏安特性与文献报道的一致，在第一次扫描中完成了 CO 氧化，而在第二次扫描中没有任何 CO 的氧化痕迹[19,26]。所有催化剂均展现出不同的 CO 溶出峰电位，Pt/C 和 Pd/C 的 CO 溶出峰电位分别为 0.55V 和 0.69V，分别位于电位标尺上的低电位端和高电位端。Pd_1Pt_1/C、Pd_2Pt_1/C、Pd_4Pt_1/C 和 Pd_6Pt_1/C 的 CO 溶出峰电位分别为 0.60V、0.63V、0.66V 和 0.68V，位于 Pd/C 和 Pt/C 之间。随着 Pd 含量逐渐降低，CO 溶出峰电位相应降低，表明抗 CO 中毒能力逐渐增强，这在一定程度上是可以预期的，因为单独使用 Pt

催化剂的性能优于单独使用 Pd 催化剂的。CO 溶出峰的负偏移越大，CO 的去除就越容易，抗 CO 的中毒能力也就越高。值得注意的是，Pd/C 和 Pd_6Pt_1/C 的 CO 溶出峰电位非常接近，可能与后者表面富 Pd 有关。

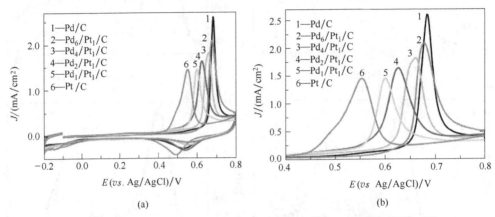

图 4-7　室温下 0.5mol/L H_2SO_4 中 CO 的溶出伏安，扫描速率 20mV/s
(a) 全图；(b) 局部放大图

由于 Pd 是一种优良的氢吸附金属，因此测定 Pd 或 Pd 基电催化剂的电化学活性表面积只能通过 CO 氧化来实现。该方法假定 CO 在电极表面单层吸附，且吸附的 CO 与金属的化学计量比为 1∶1，金属的电容对应值为 420mC/cm^2[27]。用这种方法计算出 Pd/C 和 Pt/C 的电化学活性面积（ECSA）分别为 68.3m^2/g 和 86.6m^2/g，其余催化剂的 ECSA 介于两者之间，见表 4-2，可以看出，Pd 添加到 Pt 中可以增强 ECSA，即增加催化剂的分散性。假设在本工作中制备的催化剂的平均粒径为 3nm，均为理想的球形颗粒，根据文献[28]，纯几何因素的表面积可以计算为 90m^2/g。Pt/C 和 Pd/C 催化剂的金属原子利用率分别为 96% 和 76%，表明本工作中贵金属有很高的分散性。表 4-2 总结了催化剂的 CO 起始氧化电位、金属原子利用率及 ECSA 数据。

室温下，在 0.5mol/L HCOOH + 0.5mol/L H_2SO_4 电解液中，甲酸在催化剂上的电氧化如图 4-8 所示，扫描速率为 20mV/s。催化氧化电流密度归一化到电极几何表面积（0.196cm^2）和质量（总

表 4-2 催化剂的起始氧化电位、金属原子利用率及 ECSA

催化剂	CO 起始氧化电位/V	金属原子利用率/%	ECSA/(m^2/g)
Pt/C	0.55	96	86.6
Pd_1Pt_1/C	0.60	94	84.2
Pd_2Pt_1/C	0.63	89	80.4
Pd_4Pt_1/C	0.66	86	77.6
Pd_6Pt_1/C	0.68	84	75.3
Pd/C	0.69	76	68.3

负载金属量)。Pd/C 催化剂的前后扫描几乎遵循相同的路径,表明 Pd/C 催化剂上甲酸氧化的直接路径机制。Pt/C 为催化剂及与其他添加 Pt 的催化剂(Pd_1Pt_1/C、Pd_2Pt_1/C、Pd_4Pt_1/C 和 Pd_6Pt_1/C),在正向和反向扫描过程中表现出典型的电流滞后现象,在正电位扫描过程中,在电位 0.63V 处出现电流密度峰值,这是铂基催化剂甲酸氧化的典型特征。这些常见的特征也证实了 Pt 和 Pt 基催化剂的间接途径机制,即使是在低 Pt 载量情况下(Pd_6Pt_1/C 催化剂的 Pt 载量低至 4.7%)。Pd/C 和 Pt/C 的起始甲酸氧化电位分别为-0.13V 和-0.06V,而 Pd_xPt_y/C 甲酸氧化的起始电位在这两个端点之间。值得注意的是,本研究工作的最大催化电流密度是在反向扫描时的面积归一化峰值电流密度:约 50mA/cm^2 [图 4-8(a)],等于 2A/mg 贵金属(面积归一化峰值电流密度)[图 4-8(b)]。为了与文献中类似的工作进行比较,我们在此列出了一些已发表的结果:例如,Zhang 等人[16]报道了在 0.5mol/L HCOOH+0.5 mol/L H_2SO_4 中催化剂催化电流密度为 20mA/cm^2(扫描速率 50 mV/s);Chai 等人[10]报道了在 0.5mol/L HCOOH+0.1mol/L H_2SO_4 中,电流密度为 1.5A/mg(扫描速率 50mV/s);文献[5]在 0.5mol/L HCOOH + 0.1mol/L H_2SO_4 中,电流密度为 0.6A/mg(扫描速率 50mV/s);文献[12]在 0.1mol/L HCOOH + 0.1mol/L H_2SO_4 中,电流密度为 1.1A/mg(扫描速率 50mV/s);文献[29]在 0.5mol/L HCOOH+0.5mol/L H_2SO_4 中,电流密度为 0.55A/mg(扫描速率 50mV/s)。可以看出,本研究工作中报道的结果是所有发表结果中最好的。

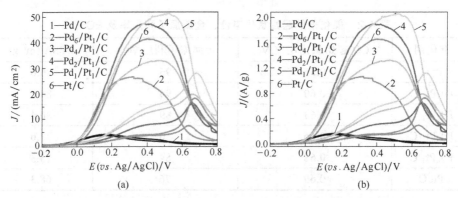

图 4-8 催化剂在 0.5mol/L HCOOH+0.5mol/L H_2SO_4 电解液中，
甲酸电氧化的循环伏安，室温下扫描速率 20mV/s
（a）归一化到几何表面积；（b）归一化到总金属质量

图 4-9 为在室温下催化剂甲酸电氧化反应的多次扫描过程，催化剂在 0.5mol/L HCOOH + 0.5mol/L H_2SO_4 中以 20mV/s 进行 80 次的扫描，以考察催化剂的稳定性。衰减速率通过反向扫描（从第 5 次扫描到第 80 次扫描）的峰值电流下降来进行计算。Pd/C 和 Pt/C 的速率，分别为 28% 和 14% [图 4-9（a）和（b）]，证明了 Pd 催化剂的不稳定性。随着循环次数的增加，所有 Pd_xPt_y/C 催化剂的反扫描从近似对称的轮廓演变为一个加宽的高原[图 4-9（c）～（f）]，并且甲酸的起始氧化电位呈正移动，其中 Pd_6Pt_1/C 催化剂上的正移动幅度最大 [图 4-9（f）]。总之，与单独的 Pd 催化剂相比，Pt 的加入或多或少增加了 Pd_xPt_y/C 催化剂的稳定性，这可能与贵金属催化剂的高分散性和本工作中催化剂制备没有使用高分子稳定剂有关。

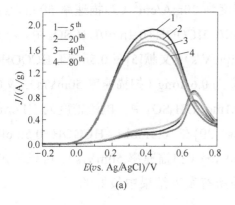

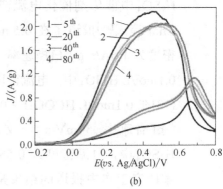

(a)　　　　　　　　　　　　(b)

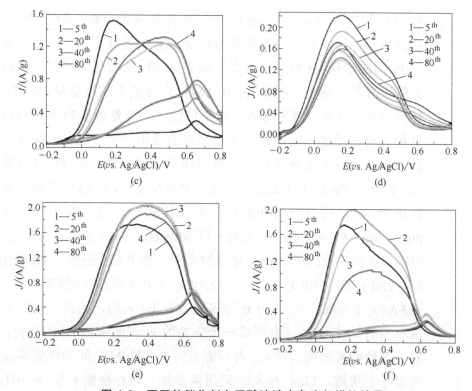

图 4-9 不同的催化剂在甲酸溶液中多次扫描的结果
(a) Pt/C;(b) Pd/C;(c) Pd_1Pt_1/C;(d) Pd_2Pt_1/C;(e) Pd_4Pt_1/C 催化剂;(f) Pd_6Pt_1/C

4.2 高性能炭载微量铂修饰的钯催化剂

对于直接甲酸燃料电池(DFAFC)来说,Pd 被认为是一种很有前途的甲酸电氧化催化剂,具有较高的催化活性[30]。这是因为甲酸在 Pd 催化剂表面的氧化方式主要是通过直接途径进行的,即甲酸直接被氧化为 CO_2。因此,Pd 成为了甲酸催化剂研究的主要目标。然而,Pd 表面产生的微量 CO 会毒化 Pd 催化剂,导致催化活性快速降低,且其本身的活性在直接甲酸燃料电池中的应用并不理想[31]。因此,设计高活性的 Pd 基催化剂仍是目前研究的重点。

由于甲酸具有较强的腐蚀性,因此在 Pd 中引入另一种不太稳定的金属似乎不是一种理想的方法。针对这个问题,研究者发现，Pb[9]、Pt 和 Au[10,29,32]是 Pd 的理想外加金属元素，其中，Pd-Pt 合金或双金属体系是目前研究最广泛且有效的催化剂[5,11,19,20]。由于 Pt 的成本是 Pd 的三倍之多，如果 Pt 被 Pd 取代，那么成本将大幅下降[33]。因此，减少 Pt 在 Pd-Pt 催化剂中的用量是 DFAFC 研究的首要任务。对于这点，首先想到的是核壳纳米 Pt-Pd 结构，这种结构通过定制设计减少了贵金属的使用[21,33]。核壳结构催化剂一般通过发生电置换反应牺牲金属而获得[34-36]。用 Pt 来修饰 Pd，也就是 $PtCl_6^{2-}$ 与 Pd 之间直接发生置换反应，Pt 取代表面一定数量的 Pd，而内部的 Pd 核不受反应影响。置换反应发生在 $PtCl_6^{2-}$/Pt（$E^{\ominus}$=0.744, vs. SHE）[26]和 $PdCl_4^{2-}$/Pd（$E^{\ominus}$=0.591, vs. SHE）这两种不同的氧化还原电对之间。在 $PtCl_6^{2-}$ 还原和 Pd 氧化间（$2Pd + 2Cl^- + PtCl_6^{2-} \rightleftharpoons Pt + 2PdCl_4^{2-}$）其驱动力和电势差（$\Delta G = -nF\Delta E$）成正比。由于 Pt 还原仅发生在 Pd 表面，因而不可能形成单独的 Pt 粒子，而会形成一个完美的 Pt 表面修饰 Pd 的结构。鉴于这种纳米结构的优点，有研究者对 Pt^{4+} 和 Pd 之间的电置换反应进行了报道。Liao 等人[37]采用两步法，以柠檬酸钠和 $NaBH_4$ 为稳定剂和还原剂，在乙醇中制备 Pd/C 催化剂。置换反应在 Pd/C 与 K_2PtCl_4 溶液中自发进行，生成 Pt-Pd/C 催化剂。对于甲酸电氧化，Pt/Pd 摩尔比为 1∶250 时最优。由于采用了两步法使得这种方法显得很麻烦，而且 Pd/C 的活性位点可能在干燥过程中由于吸附一些杂质而使其活性降低。Wang 等人[31]通过 $NaBH_4$ 还原制备 Pd/C，然后用 Pt 修饰。他们发现 Pt/Pd 摩尔比为 1∶20 时可以增强甲酸氧化活性(0.1V, 2.15A/mg, vs. SCE)。然而利用 $NaBH_4$ 制备 Pd/C 时，由于可能存在 $NaBH_4$ 残渣，会导致后续 Pt 岛的形成。Chen 等人[32]通过在甲苯中的自发置换反应制备了 Pt 修饰的 PdAu/C 纳米催化剂，发现 Pt/Pd = 1∶100 的 Pt-PdAu/C 催化剂活性增强[32]。

本文中我们采用本实验室最近开发的改良柠檬酸还原法合成了 Pd/C 催化剂[38]，然后将预制备的 Pd/C 油墨与 H_2PtCl_6 进行原位电置换反应生成 $Pt_1@Pd_x/C$ 催化剂。这种在溶液中一步法制备的路径简单而直接。改变 Pt/Pd 摩尔比从 1∶15 到 1∶150，

发现 $Pt_1@Pd_{75}/C$ 对甲酸的电氧化活性显著增强。此外，我们还通过理论计算系统地分析了表面 Pd/Pt 原子比，并应用于分析催化活性。

4.2.1 原位电置换法制备炭载微量铂修饰的钯催化剂

Pd/C 的合成参见文献[38]。在 500mL 平底烧瓶中将 2.5mL 0.1109mol/L $PdCl_2$（11.8mg/mL Pd）与 3.8mL、0.1109mol/L Na_3Cyt、38mL 0.1109mol/L KNO_3 三种溶液混合，加入 300 mL 去离子水。用 10% KOH/H_2O 溶液调节 pH = 10。Na_3Cyt、KNO_3 与 Pd^{2+}的摩尔比分别保持在 1.5∶15∶1。将预处理的 120mg 炭黑 Vulcan XC-72 加入到上述混合物中，交替进行磁搅拌和超声处理，直到得到均匀的油墨悬浮液。计算 XC-72 炭的添加量，使得在 150mg 催化剂中 Pd 负载量为 20%（质量分数）。然后将瓶中的悬浮液混合物转移到油浴中，在 100℃下磁力搅拌回流 8h。冷却至室温，加入 0.0386mol/L 的 H_2PtCl_6 溶液（加入的量由不同 Pt/Pd 摩尔比计算得到的体积），边加边搅拌。6h 后，将悬浮液过滤回收固体，用去离子水充分洗涤后，70℃真空干燥过夜。

通过改变 H_2PtCl_6 溶液的体积得到不同摩尔比的 $Pt_1@Pd_x/C$ 催化剂，即 $Pt_1@Pd_{15}/C$、$Pt_1@Pd_{50}/C$、$Pt_1@Pd_{75}/C$ 和 $Pt_1@Pd_{150}/C$。同时还制备了 20%（质量分数）的 Pd/C 催化剂，以方便进行对比。

4.2.2 炭载微量铂修饰的钯催化剂的表征及评价方法

采用连续 100mL/min 空气流量的热分析仪进行热重分析（TGA），测定催化剂中金属含量。在 200kV 加速电压的 FEI Tecnai G^2 F20 S-Twin 上进行透射电镜（TEM）测试。X 射线光电子能谱（XPS）数据由 AXIS Ultra DLD X 射线光电子能谱仪（Kratos, USA）获得。结合能以石墨在 284.8eV 的 C 1s 峰为基准进行标定。

采用传统的三室电化学电解池通过循环伏安法（CV）对催化

剂性能进行了评价。采用 Autolab PGSTAT302N 作为恒电位仪/恒电流仪。工作电极采用旋转圆盘电极（RDE，Pine Instrument Company，Model AFMSRCE）。在 RDE 上覆盖一层催化剂：用微量移液枪移取 5μL 的催化剂油墨［油墨组成：5mg 催化剂+1mL 0.25%（质量分数）的 Nafion 117（乙醇稀释）］滴加在直径为 5mm 的玻璃状玻碳圆盘电极上。工作电极上总金属负载为 5μg 或 25.5μg/cm^2。辅助电极和参比电极分别为 Pt 丝和浸泡在 3mol/L KCl 溶液中的 Ag/AgCl，电解液为 0.5mol/L H_2SO_4 + 0.5mol/L HCOOH，对催化剂活性进行测试。采用计时安培法对其电催化稳定性进行评价。CO 溶出测试在 0.5mol/L H_2SO_4 电解液中进行。所有测试所得电位均以 3mol/L KCl 的 Ag/AgCl 作为参比。为避免高电位下 Pd 的氧化，将上限电位设置为 0.8V。CO 发生吸附后，电解液在高纯氩气下多次吹扫，大部分的 CO 被清除。从−0.1V（起始电位）和 0.8V、−0.2V 两个电位点收集 CO 溶出伏安曲线。所有的电化学测试均在室温下进行。

4.2.3 原位电置换法制备的炭载 $Pt_1@Pd_x/C$ 催化性能讨论

实验中，我们发现初制的 Pd/C 油墨的 pH 值约为 9（还原反应开始前的初始 pH 值约为 10，其原因是柠檬酸钠还原 Pd 前驱体产生质子，导致 pH 值下降）且微量 H_2PtCl_6 不会导致明显的 pH 值变化。据报道，$PtCl_6^{2-}$ 仅存在于含适度过量 Cl^- 的酸性溶液或含大量 Cl^- 的中性溶液中。因此，在 pH = 9 时，Pt 前驱体的主要种类为 $[PtCl_4(OH)_2]^{2-}$ 和 $[PtCl_5(OH)]^{2-}$[39]。因为 Pt 阳离子的 H_2O、OH^- 和 Cl^- 配体数量的变化可能会影响其氧化还原电位[26]，所以在制备过程中，除了改变 H_2PtCl_6 的微量体积外，我们尽量保持所有参数一致。另外，将柠檬酸钠的用量保持在最低水平，因为使用高分子量保护剂可能会抑制 Pd 核表面电置换反应的发生[34]。Pd/C 和 Pt 前驱体 $[PtCl_4(OH)_2]^{2-}$、$[PtCl_5(OH)]^{2-}$ 之间发生自发性的置换反应生成 Pt 修饰的 Pd/C 催化剂（$Pt_1@Pd_x/C$）。

在本研究中，$Pt_1@Pd_x$/C 中 Pt 的加入不会影响其分散性和形态，这是因为 Pd/C 生成后，Pt 只能在 Pd 表面发生置换。研究者普遍认为，由于 Pd 的自催化作用和极高的表面能，使得其在炭载体上的分散效果较差[40]。图 4-10（a）和（b）显示了 $Pt_1@Pd_{15}$/C 在不同放大倍数下的 TEM 图像（从制备过程中可以知道，Pd/C 和其他 $Pt_1@Pd_x$/C 催化剂的 TEM 图像应没有明显差异）。无机盐 KNO_3 的加入似乎可以改善其分散性。$Pt_1@Pd_{15}$ 纳米粒子在炭载体上主要表现为各向异性，与文献报道类似[34,41]。新形成的 Pd 核起到了催化剂的作用，加速了 Pd 的后续生长。图 4-10（d）中的能谱曲线图（EDS）与图 4-10（c）中的扫描透射电子显微镜（STEM）图像相对应，清晰地显示了 Pt 原子在 Pd 核上的分布，这是形成核壳结构的有力证据。

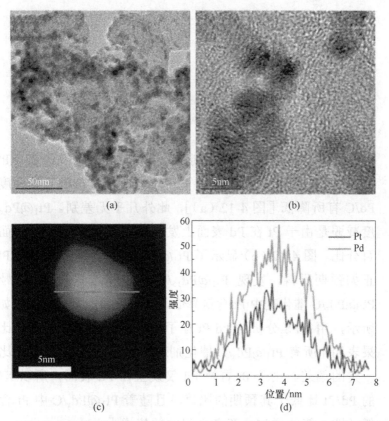

图 4-10　不同放大倍数的 TEM 图（a, b）、STEM 图（c）和 EDS 线扫描剖面（d）

图 4-11 为 Pd/C 和 $Pt_1@Pd_{15}$/C 催化剂的热重曲线。200℃以下的样品失重是由于物理吸附水的挥发，而 200℃到 650℃之间失重则是因为炭在空气中燃烧所导致。加热到 650℃后，Pd/C 和 $Pt_1@Pd_{15}$/C 的残渣质量是大同小异的，大约为 20%（质量分数）。这可以理解为：置换反应按照 $Pt^{4+} + 2Pd \Longleftrightarrow Pt + 2Pd^{2+}$ 进行，一个 Pt 原子的质量相当于两个 Pd 原子，因此，发生置换后的质量未发生变化。经 TGA 分析证实，催化剂的回收率在 145mg 左右，与理论值（150mg）吻合较好。

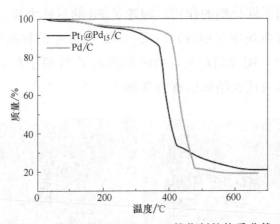

图 4-11　Pd/C 和 $Pt_1@Pd_{15}$/C 催化剂的热重曲线

图 4-12（a）和（b）分别比较了催化剂 Pd 和 Pt 的 XPS 谱图。Pd 的 XPS 图谱显示，除了 $Pt_1@Pd_x$/C 催化剂的预期强度相对于 Pd/C 有所降低 [图 4-12（a）]，此外几乎无差别。$Pt_1@Pd_x$/C 的强度减弱是由于 Pt 在 Pd 表面上发生了置换，降低了 Pd 表面原子的百分比。图 4-12（b）显示了 $Pt_1@Pd_x$/C 催化剂中 Pt 的 XPS 谱图。正如预期所料，发现 $Pt_1@Pd_{15}$/C 表现出较强的 Pt 信号，随着 $Pt_1@Pd_x$/C 催化剂中 Pt 含量降低，Pt 4f 强度也随之降低。如图 4-13 所示，用 XPS 分析的 Pd/Pt 原子比与理论原子比进行了比较。结果表明，所有 $Pt_1@Pd_x$/C 催化剂理论原子比与 XPS 测定比值存在一定的偏差。由于 Pt 置换 Pd 仅发生在 Pd 表面，所以 XPS 测得的 Pd/Pt 比低于其预期的比值，且随着 $Pt_1@Pd_x$/C 中 Pt 含量的降低，即 x 值的增加，两者之间的差值增大。

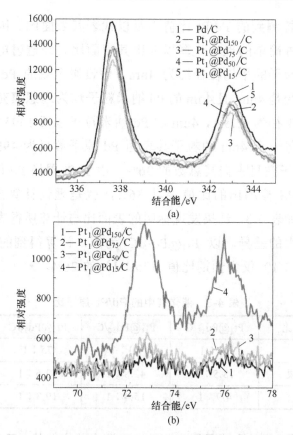

图 4-12 Pd 4f（a）和 Pt 4f（b）的 XPS 图谱对比

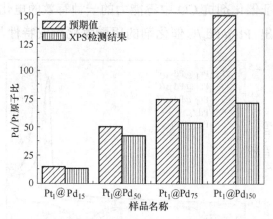

图 4-13 Pd/Pt 原子比理论值与 XPS 检测结果的对比图

由于甲酸氧化是一种表面催化反应，所以表面的 Pd/Pt 原子比是其最重要的特征。然而 $Pt_1@Pd_x$ 的尺寸大多小于 5nm，所以

XPS 检测到的 Pd/Pt 比值不足以代表其表面比。因此，我们试图用一种简单的理论计算以求出其表面比。经透射电镜观察证实，纳米粒子的平均粒径约为 4nm。假设炭负载的 Pd 球形纳米粒子的直径是 4nm，且 4nm 的 Pd 纳米粒子均为理想填充的 Pd 原子（Pd 原子半径为 1.79Å，4nm 的 Pd 纳米粒子包括 1395 个原子），经计算，每一个 4nm 的粒子其表面 Pd 原子数目为 499，也就是表面 Pd 原子数目占据其总数的 36%。由于 Pt 置换 Pd 仅发生在表面，用 XPS 检测出的比值乘以 36%，就是理论计算出的表面 Pd/Pt 比，如表 4-3。结果发现标明的表面比与计算所得表面比之间存在着巨大的差异。以 $Pt_1@Pd_{75}/C$ 为例，计算得到的表面 Pd/Pt 比（19.3∶1）仅为预期比值（75∶1）的 26%。

表 4-3　催化剂中的 Pd/Pt 原子比

催化剂 Pd/Pt 比	$Pt_1@Pd_{15}/C$	$Pt_1@Pd_{50}/C$	$Pt_1@Pd_{75}/C$	$Pt_1@Pd_{150}/C$
预期值	15∶1	50∶1	75∶1	150∶1
XPS 检测结果	13.5∶1	42.8∶1	53.6∶1	71.5∶1
理论计算值	4.9∶1	15.4∶1	19.3∶1	25.7∶1

图 4-14 比较了催化剂的 CO 溶出伏安曲线。众所周知，CO 溶出是表征催化剂抗 CO 中毒能力的一种有效的电化学手段[42]。由图可以看出，$Pt_1@Pd_x/C$ 催化剂的甲酸氧化伏安特性与文献表述一致，

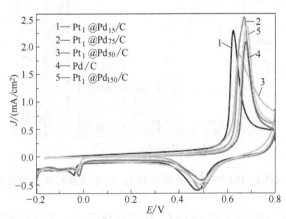

图 4-14　催化剂在室温下、0.5 mol/L H_2SO_4 溶液中的 CO 溶出伏安曲线（扫描速率 20mV/s）

第一次扫描时 CO 完全氧化。所有催化剂的 CO 溶出峰均以对称峰为主，峰位置略有不同。Pd/C 的 CO 溶出峰电位为 0.68V，$Pt_1@Pd_{150}/C$、$Pt_1@Pd_{75}/C$、$Pt_1@Pd_{50}/C$ 和 $Pt_1@Pd_{15}/C$ 的分别为 0.68V、0.67V、0.65V 和 0.62V。随着 Pd 含量增加，CO 溶出峰电位逐渐降低，催化剂的抗 CO 中毒能力逐渐增强，这个结论与之前工作中的发现一致[38]。

在室温下、0.5mol/L HCOOH 和 0.5mol/L H_2SO_4 电解液中，以 20mV/s 扫描速率研究了甲酸电氧化催化剂的 CV 曲线，如图 4-15 所示。由于甲酸氧化催化剂的衰减速度很快，因此在 -0.2V 到 0.8V 下对所有催化剂进行了 30 次快速扫描（200 mV/s）并记录。根据质量归一化电流密度的标准，已将电流密度归一化为电极的几何表面积（0.196cm^2），如图 4-15（a）所示。对于 Pd/C 催

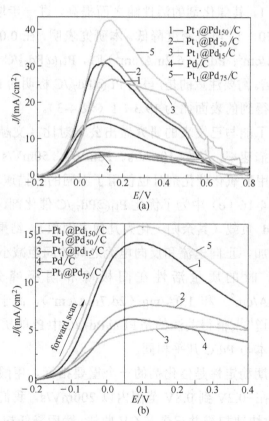

图 4-15　催化剂在室温下、0.5mol/L HCOOH 和 0.5mol/L H_2SO_4
电解液中的甲酸电氧化循环伏安图（扫描速率 20mV/s）
（a）全扫描图；（b）正扫描局部放大图

化剂，正向和反向扫描几乎遵循相同的路径，这表明甲酸直接氧化生成了 CO_2。而 $Pt_1@Pd_x/C$ 催化剂在正向和反向扫描时均显示出典型的电流滞后现象（即正向电流小于反向电流），这是甲酸氧化在 Pt 修饰的 Pd 催化剂上的典型现象。从图 4-15（b）可以清楚地观察到，所有 $Pt_1@Pd_x/C$ 催化剂的起始甲酸氧化电位都比 Pd/C 低，这表明催化剂的活性提高。对比 $Pt_1@Pd_{15}/C$ 和 Pd/C 的活性：在 $-0.03V$ 到 $0.21V$ 范围内，Pd/C 的电流密度高于 $Pt_1@Pd_{15}/C$，而当电位低于 $-0.03V$ 时，Pd/C 的电流密度低于 $Pt_1@Pd_{15}/C$。事实上，我们也制备了 $Pt_1@Pd_{10}/C$ 和 $Pt_1@Pd_{7.5}/C$ 催化剂，发现它们的活性比 $Pt_1@Pd_{15}/C$ 差。因此，如果想要 $Pt_1@Pd_x/C$ 的活性优于 Pd/C，则 Pd/Pt = 15∶1 是一个阈值。Pd/Pt 的摩尔比从 15∶1、50∶1 到 75∶1，其催化剂的活性随之而提高。进一步增加 Pd/Pt 的摩尔比到 150∶1，电流密度降低。本研究表明，在 $0.05V$（$Pt_1@Pd_{75}/C$，$15.4mA/cm^2$；Pd/C，$6.2mA/cm^2$）时，$Pt_1@Pd_{75}/C$ 最大活性是 Pd/C 的 0.5 倍。需要注意的是，虽然 $Pt_1@Pd_{75}/C$ 标明的 Pd/Pt 比为 75∶1，但计算得到的表面比为 19.3∶1（表 4-3）。

为了能与已发表的研究做出公平对比（文献中经常会使用不同的扫描速率，例如 10mV/s、20mV/s、50mV/s 等等）[43]，我们在研究甲酸氧化催化剂时也使用了不同的扫描速率，如图 4-16 所示。图 4-16（e）中为了优化 $Pt_1@Pd_{75}/C$ 催化剂，将电流密度归一化为 Pd 负载（其余归一化为几何表面积）。结果表明，随着扫描速率增加，正向电流和反向电流之间的间距减小。$Pt_1@Pd_{75}/C$ 在 $50mV/s$ 时的质量活性在阳极峰和阴极峰分别为 $2.3A/mg$（$60.2mA/cm^2$）和 $1.0A/mg$（$24.7mA/cm^2$），高于在类似条件下的文献报道[44]。值得关注的是 $Pt_1@Pd_{75}/C$ 中 Pt 的质量分数仅为 0.5% 且其成本与 Pd/C 几乎相同。

长期稳定性是催化剂的一个重要指标，甲酸氧化催化剂亦是如此。在 $-0.2V$ 到 $0.8V$ 范围内以 $200mV/s$，我们对所有催化剂进行 30 次快速扫描并记录其 CV 曲线，然后降低扫描速率为 $20mV/s$ 来测算它们的衰减程度。图 4-17 显示了甲酸电氧化催化剂的稳定性衰减曲线。将正向循环扫描和反向循环扫描的第 20 次的峰值电流除以第 1 次的峰值电流定义为电流保持率，如表 4-4。从表 4-4 中可以看出由于 $Pt_1@Pd_x/C$ 和 Pt/C 的正向电流处于同一水平（39%～45%），催化剂活性发生了明显的衰减，而 $Pt_1@Pd_x/C$ 保留的反向电流（55%～74%）均高于 Pd/C 的阴极电流（43%），可能是因为稳定性得到了提高。

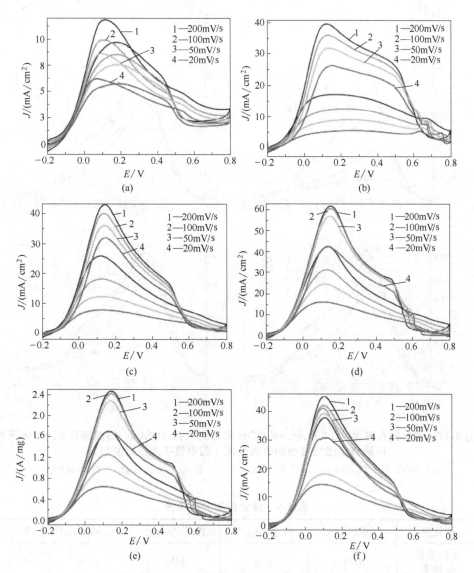

图 4-16　甲酸电氧化催化剂在室温下 0.5mol/L HCOOH 和 0.5mol/L H_2SO_4 电解液中不同扫描速率下的循环伏安图

（a）Pd/C；（b）$Pt_1@Pd_{15}/C$；（c）$Pt_1@Pd_{50}/C$；（d）和（e）$Pt_1@Pd_{75}/C$；（f）$Pt_1@Pd_{150}/C$

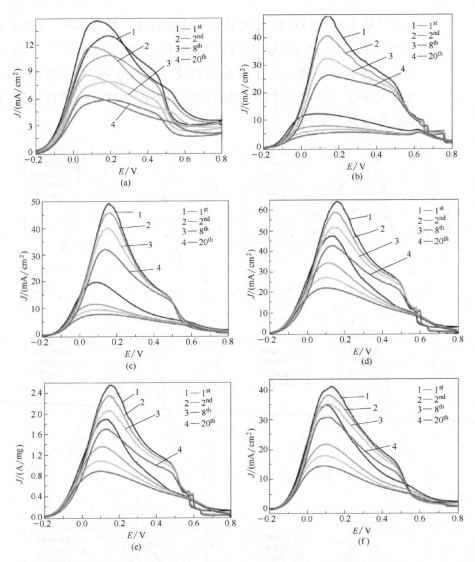

图 4-17 催化剂在室温、0.5 mol/L HCOOH 和 0.5 mol/L H_2SO_4、扫描速率 20mV/s 下的甲酸氧化随扫描数的衰减情况（图中数字为扫描圈数）

(a) Pd/C；(b) $Pt_1@Pd_{15}$/C；(c) $Pt_1@Pd_{50}$/C；(d) 和 (e) $Pt_1@Pd_{75}$/C；(f) $Pt_1@Pd_{150}$/C

表 4-4 催化剂的失活特性

催化剂	$Pt_1@Pd_{15}$/C	$Pt_1@Pd_{50}$/C	$Pt_1@Pd_{75}$/C	$Pt_1@Pd_{150}$/C	Pt/C
正向电流保持率	44%	39%	44%	42%	45%
反向电流保持率	74%	66%	65%	55%	43%

图 4-18 为催化剂 Pd/C 和 $Pt_1@Pd_{75}$/C 在 0.5mol/L HCOOH 和 0.5mol/L H_2SO_4 中电位为 0V 的计时电流曲线。为了避免双电层放电和氢吸附的影响,在 10s 后记录了其电流衰减曲线[45,46]。结果表明,Pd/C 和 $Pt_1@Pd_{75}$/C 的甲酸氧化电流密度分别降至初始值的 4%和 20%,表明后者具有较好的稳定性。

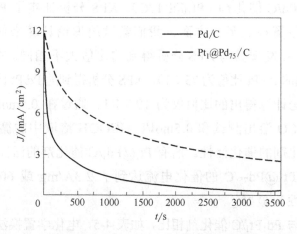

图 4-18 Pd/C 和 $Pt_1@Pd_{75}$/C 在 0.5mol/L mol/L HCOOH + 0.5mol/L H_2SO_4 溶液中、电位为 0V 时的计时电流曲线

$Pt_1@Pd_{75}$/C 相对于 Pd/C 催化性能提高可能是由于其核壳结构的协同效应。通过调整 Pt-Pd 之间的电子效应也可以改变催化剂的表面化学态[47]。有报道称对于甲酸氧化电催化剂,其结构中三个相邻的 Pt 或 Pd 原子的数量必须明显减少,才是有效的催化剂。虽然 $Pt_1@Pd_{75}$/C 理论的 Pd/Pt 之比为 75∶1,但计算得到的其表面 Pd/Pt 比为 19.3∶1。本研究报道的结果与之前发表的结果一致,当 Pd/Pt 原子比为 20∶1 时为最佳[31]。

4.3 从高分散 Pd-Pt 双金属催化剂到微量 Pt 修饰的 Pd 催化剂

首先,我们以柠檬酸为还原剂(使用无机稳定剂)制备了高度分散的 Pd_xPt_y/C 双金属催化剂用于甲酸氧化,单位质量的 Pd_1Pt_1/C

催化活性高于文献报道的数据，达到 2A/mg，反向扫描电流密度达到 50mA/cm^2，其原因就是所制备的催化剂具有高度分散性且在制备过程中没有使用大分子稳定剂，甲酸的氧化活性和稳定性高度依赖于 Pd/Pt 原子比。其次，我们利用预制备的 Pd/C 导电油墨与 H_2PtCl_6 在水溶液中发生原位电置换反应，从而制备出 Pt 修饰的 Pd/C 催化剂（$Pt_1@Pd_x$/C）。XPS 分析证实了 Pt 成功在 Pd 表面发生置换。另一方面，我们尝试用理论计算来估测表面 Pd/Pt 比值，并发现其与 XPS 分析得到的比值大不相同。对于 $Pt_1@Pd_{75}$/C（预期的 Pd/Pt 比值为 75∶1），XPS 分析得到的 Pd/Pt 比值为 53.6∶1，而理论计算得出的比值仅为 19.3∶1。通过在 0.5mol/L H_2SO_4 溶液中的 CO 溶出测试和 0.5mol/L HCOOH 溶液中的循环伏安法来研究催化剂的催化活性。所有 $Pt_1@Pd_x$/C 催化剂的活性均高于 Pd/C，其中 $Pt_1@Pd_{75}$/C 的催化电流达到了 2.3A/mg 或 60.2mA/cm^2，催化活性为最好。

与 Pd_1Pt_1/C 催化剂相比，如表 4-5，电化学置换法制备的 Pt@Pd 甲酸氧化催化剂的催化活性更高，达到 2.3A/mg，Pt 用量更低，表明痕量的 Pt 可以在很大程度上提高 Pd/C 催化剂的催化活性，但是稳定性却不如 Pd_1Pt_1/C，需要进一步改善。

表 4-5　两种催化剂的性能对比

催化剂	Pt/Pd	催化性能	稳定性
Pt_1Pd_1/C	1∶1	2.0A/mg，50mA/cm^2	约 90%
$Pt_1@Pd_{75}$/C	约 1∶20	2.3A/mg，60.2mA/cm^2	约 65%

参考文献

[1] Zhao X, Yin M, Ma L, et al. Recent advances in catalysts for direct methanol fuel cells[J]. Energy Environ Sci, 2011, 4: 2736-2753.

[2] Serov A, Kwak C. Review of non-platinum anode catalysts for DMFC and PEMFC application[J]. Appl Catal B: Environ, 2009, 90: 313-320.

[3] Shao Y Y, Yin G P, Wang Z B, et al. Proton exchange membrane fuel cell from

low temperature to high temperature: material challenges[J]. J Power Sources, 2007, 167: 235-242.

[4] Debe M K. Electrocatalyst approaches and challenges for automotive fuel cells [J]. Nature, 2012, 486: 43-51.

[5] Liu B, Li H Y, Die L, et al. Carbon nanotubes supported PtPd hollow nanospheres for formic acid electrooxidation[J]. J Power Sources, 2009, 186: 62-66.

[6] Ehteshami S M M, Chan S H. A review of electrocatalysts with enhanced CO tolerance and stability for polymer electrolyte membarane fuel cells[J]. Electrochim Acta, 2013, 93: 334-345.

[7] Hong P, Luo F, Liao S J, et al. Design, fabrication and performance evaluation of a miniature air breathing direct formic acid fuel cell based on printed circuit board technology[J]. J Power Sources, 2010, 195: 7332-7337.

[8] Shen T, Zhang J J, Chen K, et al. Recent progress of palladium-based electrocatalysts for the formic acid oxidation reaction[J]. Energy Fuels, 2020, 34: 9137-9153.

[9] Kang Y J, Qi L, Li M, et al. Highly active Pt_3Pb and core-shell Pt_3Pb-Pt electrocatalysts for formic acid oxidation[J]. ACS Nano, 2012, 6: 2818-2825.

[10] Chai J, Li F H, Hu Y W, et al. Hollow flower-like AuPd alloy nanoparticles: one step synthesis, self-assembly on ionic liquid-functionalized graphene, and electrooxidation of formic acid[J]. J Mater Chem, 2011, 21: 17922-17929.

[11] Zhang H X, Wang C, Wang J Y, et al. Carbon-Supported Pd-Pt nanoalloy with low Pt content and superior catalysis for formic acid electro-oxidation[J]. J Phys Chem C, 2010, 114: 6446-6451.

[12] Baranova E A, Miles N, Mercier P H J, et al. Formic acid electro-oxidation on carbon supported Pd_xPt_{1-x} $(0 \geqslant x \geqslant 1)$ nanoparticles synthesized via modified polyol method[J]. Electrochim Acta, 2010, 55: 8182-8188.

[13] Wee J H, Lee K Y. Overview of the development of CO-tolerant anode electrocatalysts for proton-exchange membrane fuel cells[J]. J Power Sources, 2006, 157: 128-135.

[14] Maillard F, Lu G Q, Wieckowski A, et al. Ru-Decorated Pt surfaces as model fuel cell electrocatalysts for CO electrooxidation[J]. J Phys Chem B, 2005, 109: 16230-16243.

[15] Chen A, Holt-Hindle P. Platinum-Based nanostructured materials: synthesis, properties, and applications[J]. Chem Rev, 2010, 110: 3767-3804.

[16] Zhang S, Shao Y Y, Yin G P, et al. Electrostatic self-assembly of a Pt-around-Au nanocomposite with high activity towards formic acid oxidation[J]. Angew Chem Int Ed, 2010, 49: 2211-2214.

[17] Fabio R, Gunther G S, Rudiger K, et al. Nanoparticles in energy technology: examples from electrochemistry and catalysis[J]. Angew Chem Int Ed, 2005, 44: 2190-2209.

[18] Long N V, Ohtaki M, Hien T D, et al. A comparative study of Pt and Pt-Pd core-shell nanocatalysts[J]. Electrochim Acta, 2011, 56: 9133-9143.

[19] Feng L G, Si F Z, Yao S K, et al. Effect of deposition sequences on electrocatalytic properties of PtPd/C catalysts for formic acid electrooxidation[J]. Catal Commun, 2011, 12: 772-775.

[20] Li X, Hsing I M. Electrooxidation of formic acid on carbon supported Pt_xPd_{1-x} (x=0~1) nanocatalysts[J]. Electrochim Acta, 2006, 51: 3477-3483.

[21] Jeon T Y, Yoo S J, Cho Y Y, et al. Electrochemical determination of the surface composition of Pd-Pt core-shell nanoparticles[J]. Electrochem Commun, 2013, 28: 114-117.

[22] Hong P, Liao S J, Zeng J H, et al. Effects of Pt/C, Pd/C and PdPt/C anode catalysts on the performance and stability of air breathing direct formic acid fuel cells[J]. Int J Hydrogen Energy, 2011, 36: 8518-8524.

[23] Li Z P, Li M W, Han M J, et al. Preparation and characterizations of highly dispersed carbon supported Pd_xPt_y/C catalysts by a modified citrate reduction method for formic acid electrooxidation[J]. J Power Sources, 2014, 254: 183-189.

[24] Lin C S, Khan M R, Lin S D. Platinum states in citrate sols by EXAFS[J]. Journal of Colloid and Interface Science, 2005, 287: 366-369.

[25] Jose L G, Mikhail T, Frode S, et al. CO stripping as an electrochemical tool for characterization of Ru@Pt core-shell catalysts[J]. J Electroanal Chem, 2011, 655: 140-146.

[26] Hsieh Y C, Chang L C, Wu P W, et al. Displacement reaction of Pt on carbon-supported Ru nanoparticles in hexachloroplatinic acids[J]. Appl Catal B: Environ, 2011, 103: 116-127.

[27] Zeng J H, Lee J Y, Chen J J, et al. Increased metal utilization in carbon-supported Pt catalysts by adsorption of preformed Pt nanoparticles on colloidal silica[J]. Fuel Cells, 2007, 7: 285-290.

[28] Gloaguen F, Leger J M, Lamy C. Electrocatalytic oxidation of methanol on platinum nanoparticles electrodeposited onto porous carbon substrates[J]. J Appl Electrochem, 1997, 27: 1052-1060.

[29] Wang S, Wang X, Jiang S P. Self-assembly of mixed Pt and Au nanoparticles on PDDA-functionalized graphene as effective electrocatalysts for formic acid oxidation of fuel cells[J]. Phys Chem Chem Phys, 2011, 13: 6883-6891.

[30] Rees N V, Compton R G. Sustainable energy: a review of formic acid electrochemical fuel cells[J]. J Solid State Electrochem, 2011, 15: 2095-2100.

[31] Li Z P, Song J L, Lee D C, et al. Mono-disperse PdO nanoparticles prepared via microwave-assisted thermo-hydrolyzation with unexpectedly high activity for formic acid oxidation[J]. Electrochim Acta, 2020, 329, 135166.

[32] Chen G Q, Liao M Y, Yu B Q, et al. Pt decorated PdAu/C nanocatalysts with

ultralow Pt loading for formic acid electrooxidation[J]. Int J Hydrogen Energy, 2012, 37: 9959-9966.

[33] Alia M S, Jensen K O, Pivovar B S, et al. Platinum-Coated palladium nanotubes as oxygen reduction reaction electrocatalysts[J]. ACS Catal, 2012, 2: 858-863.

[34] Cochell T, Manthiram A. Pt@Pd_xCu_y/C core-shell electrocatalysts for oxygen reduction reaction in fuel cells[J]. Langmuir, 2012, 28: 1579-1587.

[35] Sarkar A, Manthiram A. Synthesis of Pt@Cu core-shell nanoparticles by galvanic displacement of Cu by Pt^{4+} ions and their application as electrocatalysts for oxygen reduction reaction in fuel cells[J]. J Phys Chem C, 2010, 114: 4725-4732.

[36] Yun C, Vukmirovic M B, Zhou W P, et al. Enhancing oxygen reduction reaction activity via Pd-Au alloy sublayer mediation of Pt monolayer electrocatalysts [J]. J Phys Chem Lett, 2010, 1: 3238-3242.

[37] Liao M Y, Wang Y L, Chen G Q, et al. Reducing Pt use in the catalysts for formic acid electrooxidation via nanoengineered surface structure[J]. J Power Sources, 2014, 257: 45-51.

[38] Li Z P, Li M W, Han M J, et al. Highly active carbon supported Pd/C catalysts decorated by a trace amount of Pt by an in-situ galvanic displacement reaction for formic acid oxidation[J]. J Power Sources, 2015, 278: 332-339.

[39] Spieker W A, Liu J, Miller J T, et al. An EXAFS study of the co-ordination chemistry of hydrogen hexachloroplatinate(Ⅳ): 1. Speciation in aqueous solution[J]. Appl Catal A, 2002, 232: 219-235.

[40] Zhu C, Zeng J, Lu P, et al. Aqueous-phase synthesis of single-crystal Pd seeds 3 nm in diameter and their use for the growth of Pd nanocrystals with different shapes[J]. Chem-Eur J, 2013, 19: 5127-5133.

[41] Li W, Zhao X, Manthiram A. Room-temperature synthesis of Pd/C cathode catalysts with superior performance for direct methanol fuel cells[J]. J Mater Chem A, 2014, 2: 3468-3476.

[42] Ochal P, Tsypkin M, Seland F, et al. CO stripping as an electrochemical tool for characterization of Ru@Pt core-shell catalysts[J]. J Electroanal Chem, 2011, 655: 140-146.

[43] Huang Y J, Liao J H, Liu C P, et al. The size-controlled synthesis of Pd/C catalysts by different solvents for formic acid electrooxidation[J]. Nanotechnology, 2009, 20: 105604-105609.

[44] Cheng N C, Lv H F, Wang W, et al. An ambient aqueous synthesis for highly dispersed and active Pd/C catalyst for formic acid electro-oxidation[J]. J Power Sources, 2010, 195: 7246-7249.

[45] Fu G T, Ma R G, Gao X Q, et al. Hydrothermal synthesis of Pt-Ag alloy nano-octahedra and their enhanced electrocatalytic activity for the methanol

oxidation reaction[J]. Nanoscale, 2014, 6: 12310-12314.

[46] Zhang L, Wan L, Ma Y R, et al. Crystalline palladium-cobalt alloy nanoassemblies with enhanced activity and stability for the formic acid oxidation reaction[J]. Appl Catal B: Environ, 2013, 138-139: 229-235.

[47] Fu G T, Wu K, Lin J, et al. One-Pot water-based synthesis of Pt–Pd alloy nanoflowers and their superior electrocatalytic activity for the oxygen reduction reaction and remarkable methanol-tolerant ability in acid media[J]. J Phys Chem C, 2013, 117: 9826-9834.

第5章 高效Ni-Fe双金属催化剂用于析氧反应

5.1 泡沫镍上原位电沉积花瓣状NiFeO$_x$H$_y$/rGO

5.2 Ni-Fe合金泡沫

5.3 从NiFeO$_x$H$_y$/rGO/NF电极到双金属Ni-Fe泡沫合金电极

在可再生能源风能或太阳能的驱动下,通电解水生成氢气为满足日益增长的能源需求提供了一条环境友好且可持续的途径[1,2]。在此过程中,电解水受到动力学控制的缓慢的四质子耦合电子转移和氧-氧键形成的析氧反应(OER)的极大限制。到目前为止,在碱性和酸性溶液中最先进的OER催化剂是IrO_2,它位于火山图的顶部,具有优异的活性和稳定性[3-6]。然而,IrO_2仍然存在相当大的过电位且其在地球中的稀缺程度导致成本较高限制了它的广泛应用[7]。因此,设计高性价比的非贵金属电解水催化剂是解决该问题的关键。

5.1 泡沫镍上原位电沉积花瓣状 $NiFeO_xH_y$/rGO

目前,各种低成本的催化剂包括金属氧化物、氢氧化物、硫系化合物、磷酸盐和钙钛矿,已经被研究用于催化OER[8]。然而,这些催化剂在活性、稳定性和成本方面还需要进一步改进。近年来,3d过渡金属(氧)氢氧化物因其在地球上储量丰富、成本低、催化活性高等优点受到了科研工作者们的广泛关注[9]。这类催化剂中,Fe掺杂的NiOOH是已知的在碱性电解液中最活跃的析氧电催化剂,其效率远高于纯NiOOH或$Ni(OH)_2$[10,11]。目前,常用水热法[12]、电泳沉积法[13]、微波合成法[14]、阳离子交换法[15]、共沉淀法[16]、电沉积法制备3d过渡金属(氧)氢氧化物[17-20]。其中,电沉积法是一种简单、通用、成本相对较低的材料合成方法。通过电沉积参数如外加电压、沉积时间和电流密度,可以很好地控制合成材料的生长速度、形貌和负载。此外,通过对电沉积技术的操作,室温下可以在基底上形成三维纳米结构和均匀的薄膜。这些三维结构不仅暴露了更多的活性位点,也加速了电解质和氧的扩散。另外,石墨烯因其优异的导电性、极高的表面积和优异的机械柔韧性引起了越来越多的关注。为了进一步提高NiFe(O)OH的电导率,在本研究中[21],使用原位电化学方法合成了用于催化OER的花状$NiFeO_xH_y$和$NiFeO_xH_y$/rGO。$NiFeO_xH_y$/rGO/

NF 催化剂的 OER 性能由于其接触面积和较低的电荷转移阻力可进一步得到显著改善[22]。

5.1.1 花瓣状 $NiFeO_xH_y$/rGO 电极的制备

原位电沉积制备 $NiFeO_xH_y$/NF 和 $NiFeO_xH_y$/rGO/NF：在电沉积前，先将泡沫镍进行预处理，在 0.1mol/L 盐酸、乙醇和超纯水中依次超声 5min，再根据文献制备出 GO[23]，后用双电极体系电沉积制备 $NiFeO_xH_y$/rGO。NF 大小为 1cm×5cm，反应部分面积为 1cm×2cm，辅助 Pt 电极面积为 1.5cm×3cm。然后，在含有 0.2 mg/L 氧化石墨烯、12mmol/L 摩尔比不同的 Ni^{2+} 和 Fe^{3+} 的中性溶液中，在恒电流（0~20mA/cm^2）下电解 0~20min（10mA/cm^2 下 20min）。对于没有氧化石墨烯的情况，采用类似的方法在 NF 上电沉积 $NiFeO_xH_y$。电解后，将电沉积得到的 $NiFeO_xH_y$ 电极在超纯水中快速浸泡三次，以去除残余金属离子。最后，在使用前将 $NiFeO_xH_y$ 和 $NiFeO_xH_y$/rGO 电极在 80℃下干燥过夜。

5.1.2 花瓣状 $NiFeO_xH_y$/rGO 电极的表征与评价

利用加速电压为 3.0kV 的扫描电子显微镜（TESCANmAIA3，Czekh）和能量色散 X 射线能谱（EDX）观察所制备样品的形貌和元素分布图。X 射线光电子能谱（XPS）是由带有 Al Kα X 射线的 Escalab250Xi 仪器获得。结合能参照不定 C 1s 的 284.8eV。傅里叶变换红外光谱（FTIR）数据在 Thermo-Nicolet 5700 FTIR 光谱仪上设定扫描范围从 4000cm^{-1} 到 400cm^{-1} 而获得。采用电感耦合等离子体（ICP Varian 720）对所制备的样品进行成分分析。使用 CHI 760E 电化学工作站（CH Instruments, Inc.，上海）在标准三电极体系中进行电化学测试，$NiFeO_xH_y$/NF 和 $NiFeO_xH_y$/rGO/NF（0.25cm^2）为工作电极，铂片电极（1cm^2）为辅助电极，Ag/AgCl 电极为参比电极。根据之前的报道[24]，商用 IrO_2（Alfa Aesar）的电化学测量使用直径为 3mm 的玻碳电极。OER 测试在 1.0mol/L KOH 溶液中进行，根据公式 E（RHE）= E'（Ag/AgCl）+ 0.197 +

0.059 pH，用可逆氢电极（RHE）对 Ag/AgCl 参比电极进行校准。通过公式 $\eta = E$（RHE）$- 1.23$V 计算过电位（η）。在电解液中进行线性扫描伏安测量（LSV），扫描速率为 5mV/s。在+1.42V（vs. RHE）扫描 10h 记录其 $I\text{-}t$ 曲线。使用 Zahner 电化学工作站（Cimps-2，德国），在 1.50V 时施加一个频率范围为 0.01Hz～100kHz、振幅 10mV 的交流电压，进行电化学阻抗谱（EIS）测量。

5.1.3　花瓣状 $NiFeO_xH_y$/rGO 电极电催化 OER 性能

如图 5-1 所示，在不使用任何表面活性剂的情况下，泡沫镍（NF）的颜色差异明显，证明成功在泡沫镍上原位电沉积了 $NiFeO_xH_y$ 和 $NiFeO_xH_y$/GO。在泡沫镍上添加 $NiFeO_xH_y$ 后，泡沫镍由原来的灰色变为黄色，再加入 GO 后变成黑色。

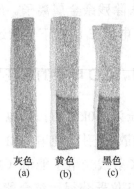

灰色　黄色　黑色
(a)　(b)　(c)

图 5-1　在泡沫镍上原位依次沉积 $NiFeO_xH_y$ 和 GO 的颜色变化
(a) NF；(b) $NiFeO_xH_y$/NF；(c) $NiFeO_xH_y$/GO/NF

如图 5-2 所示，用 SEM 图对产物的微观形貌进行了表征。图 5-2（a）显示存在一个典型的孔径约为 250μm 的泡沫镍骨架，骨架上密集分布着大量平均直径约为 500nm 的 $NiFeO_xH_y$ 纳米花 [如图 5-2（b）和（c）]。在较大的放大倍数下，具有几纳米厚度的致密 $NiFeO_xH_y$ 纳米片层紧密地组装在一起。这种结构不仅增加了 $NiFeO_xH_y$ 电极的表面积，而且暴露了大量的层状边缘和边缘缺陷，可以显著增加其活性位点[25]。

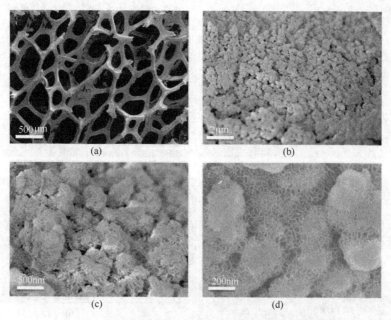

图 5-2 泡沫镍的扫描电镜（a）及不同放大倍数下 NiFeO$_x$H$_y$/NF 的扫描电镜图（b~d）

由于氧化石墨烯可以进行电化学还原，为了进一步提高氧化石墨烯纳米层的电导率，引入还原氧化石墨烯（rGO）形成 NiFeO$_x$H$_y$/rGO 复合膜，如图 5-3（a）所示，NiFeO$_x$H$_y$ 均匀沉积在 rGO 层上。如图 5-3（b）~（c）所示，在更大的放大倍率下，可以清晰观察到泡沫镍骨架上形成了紧密包覆的还原氧化石墨烯薄片，表明了构建 NiFeO$_x$H$_y$/rGO 方法用于 OER 的有效性。如图 5-3（d）所示，能量色散 X 射线能谱（EDX）将 Ni 和 Fe 的峰进行了分类，证明了产物中 Ni 和 Fe 的原子比接近 1∶1。图 5-4 为纳米花状 NiFeO$_x$H$_y$ 的元素分布图，表明 Fe、Ni 和 O 三种元素在空间分布均匀。

采用电感耦合等离子体（ICP）分析确认了所制备的 NiFe 基催化剂的成分含量，结果见表 5-1。NiFeO$_x$H$_y$、NiFeO$_x$H$_y$/rGO、Ni$_1$Fe$_2$O$_x$H$_y$/rGO 和 Ni$_2$Fe$_1$O$_x$H$_y$/rGO 中，Ni 和 Fe 的含量按质量计算分别为 53.2%、46.8%、53.3%、46.7%、34.3%、65.6%、70.1%、29.9%；Ni 和 Fe 的原子比分别约为 1∶1、1∶1、1∶2、2∶1。

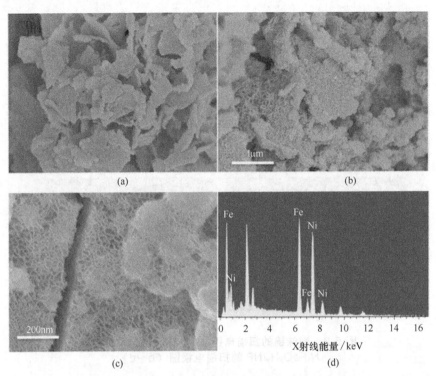

图 5-3　NiFeO$_x$H$_y$/rGO/NF 在不同放大倍数下的扫描电镜图（a～c）及能量色散 X 射线能谱图（d）

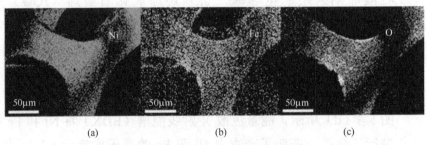

图 5-4　NiFeO$_x$H$_y$/NF 的元素分布图

(a) Ni；(b) Fe；(c) O

表 5-1　NiFeO$_x$H$_y$ 和 NiFeO$_x$H$_y$/rGO 复合电催化剂的 ICP 分析结果

催化剂	元素	原子占比/%	元素组成
NiFeO$_x$H$_y$	Ni	53.2%	Ni$_{52}$Fe$_{48}$
	Fe	46.8%	
NiFeO$_x$H$_y$/rGO	Ni	53.3%	Ni$_{52}$Fe$_{48}$
	Fe	46.7%	

续表

催化剂	元素	原子占比/%	元素组成
$Ni_1Fe_2O_xH_y/rGO$	Ni	34.4%	$Ni_{34}Fe_{66}$
	Fe	65.6%	
$Ni_2Fe_1O_xH_y/rGO$	Ni	70.1%	$Ni_{69}Fe_{31}$
	Fe	29.9%	

利用 XPS 分析样品 $NiFeO_xH_y/rGO$ 的元素组成以及价态。如图 5-5（a）是扫描的 XPS 谱，所有的峰被标记显示了 Ni、Fe、O 和 C 元素的存在。从图 5-5（b）可以看出，Ni $2p^{3/2}$ 频谱在 855.3eV 显示一个主峰，861.0eV 处有伴峰，推断其为 Ni^{2+}。从图 5-5（c）可以看出，两个分别位于 710.9eV（Fe $2p_{3/2}$）和 724.1eV（Fe $2p_{1/2}$）附近的峰分别对应于 Fe $2p_{3/2}$ 和 Fe $2p_{1/2}$，显示出 Fe^{3+} 高自旋态的

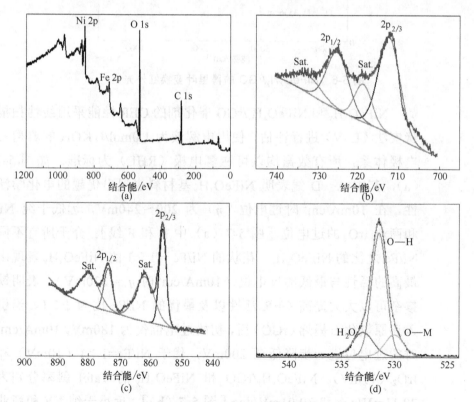

图 5-5　$NiFeO_xH_y$ 的高分辨率 X 射线光电子能谱（XPS）
（a）全谱；（b）Ni 2p；（c）Fe 2p；（d）O 1s

特征。图 5-5（d）为 O 1s 的高分辨率光谱，在 531.2eV 和 530.0eV 处出现峰值，推断其分别与羟基和金属氧结合中的氧原子有关。通过 IR 也确定了羟基的存在，如图 5-6 所示，3556cm^{-1} 附近清晰的 IR 吸收峰为 O—H 伸缩振动峰[26]。结果表明，NiFeO$_x$H$_y$ 由 Ni-Fe 羟基氧化物、氢氧化物或其混合物的 NiFe（氧）氢氧化物组成，通常呈层状结构。

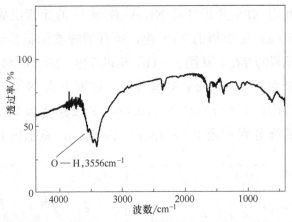

图 5-6　NiFeO$_x$H$_y$/rGO 的傅里叶变换红外光谱

NiFeO$_x$H$_y$ 和 NiFeO$_x$H$_y$/rGO 催化剂的 OER 性能采用线性扫描伏安法（LSV）进行评估，使用电解液为 1.0mol/L KOH 的典型三电极体系，所有数据均以可逆氢电极（RHE）为标准。如图 5-7（a），其中 A～D 线表明 NiFeO$_x$H$_y$ 基材料表现出优越的电化学活性，在 10mA/cm^2 时过电位（η）为 200～240mV，远低于纯 NF 和商业 IrO$_2$ 的过电位[图 5-7（a）中 E 和 F 线]。介于所有不同 Ni/Fe 之比的 NiFeO$_x$H$_y$，花状的 Ni/Fe = 1∶1 的 NiFeO$_x$H$_y$ 表现出最高的活性与最低的过电位（10mA/cm^2 时 η = 220mV），表明铁掺杂可以大大提高 OER 活性以及最优的 Ni/Fe 比为 1∶1。当引入还原氧化石墨烯（rGO）后，初始过电位仅为 180mV，10mA/cm^2 时的过电位进一步降低至 200mV，优于 Ni/Fe=1∶1（10mV）和 IrO$_2$（17mV）。NiFeO$_x$H$_y$/rGO 和 NiFeO$_x$H$_y$ 的 Tafel 斜率分别为 29.11mV/dec 和 30.01mV/dec [图 5-7（b）]，远小于纯 NF 和商业 IrO$_2$，表明 NiFeO$_x$H$_y$/rGO 具有更有利的催化动力学。

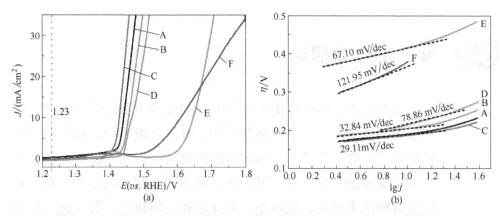

图 5-7　NiFeO$_x$H$_y$、Ni$_2$FeO$_x$H$_y$、NiFeO$_x$H$_y$/rGO、NiFe$_2$O$_x$H$_y$、泡沫镍、IrO$_2$ 的 OER 性能（a）及相应的 Tafel 斜率（b）

NiFeO$_x$H$_y$/rGO 和 NiFeO$_x$H$_y$ 的长期稳定性通过 I-t 测量得到。如图 5-8（a）所示，200mV 时花状 NiFeO$_x$H$_y$/rGO 的电流密度在 8h 左右约为 10mA/cm^2，而 NiFeO$_x$H$_y$ 发生明显的下降，这说明了 rGO 能有效地提高 NiFeO$_x$H$_y$/rGO 的稳定性。图 5-8（b）为电化学阻抗谱（EIS），显示出 NiFeO$_x$H$_y$/rGO/NF（2.132Ω·cm^2）比 NiFeO$_x$H$_y$/NF（2.913Ω·cm^2）的电荷转移电阻（R_{ct}）更低，图 5-8（b）中的插图为等效电路。总之，通过分析这些电化学结果，表明引入 rGO 后，NiFeO$_x$H$_y$/rGO/NF 催化剂的 OER 性能因其接触面积和较高的电导率而得到显著改善。

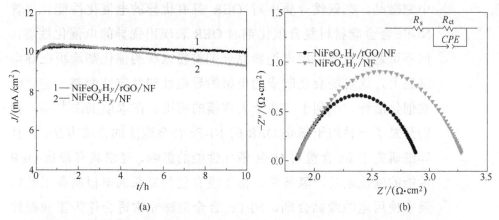

图 5-8　NiFeO$_x$H$_y$/rGO 和 NiFeO$_x$H$_y$ 的长期稳定性（a）和电化学阻抗谱（b）

5.2 Ni-Fe 合金泡沫

迄今为止，各种低成本的催化 OER 的催化剂已经被研究，比如金属氧化物[27-29]、氢氧化物[30,31]、硫族化物[32,33]、磷化物[34]和钙钛矿[35,36]等。但是，这些类型的催化剂在活性、稳定性和成本方面均需要进一步改进。近年来，3d 过渡金属（羟基）氢氧化物因具有地球丰度高、成本低、催化活性高等优点，而受到人们的广泛关注[30,31,37]。在这类催化剂中，铁掺杂的镍（羟基）氢氧化物是已知的在碱性电解质中发生析氧反应的最活跃的电催化剂，其效率远高于纯镍（羟基）氢氧化物或氢氧化镍[38]。但是，该材料的导电性较差，严重导致其在应用于电解水时会产生更高的过电势，同时，其长期稳定性的问题亟待解决。因此，为了提高电催化剂的固有电导率，开发了用于 OER 的 Ni-Fe 合金催化剂。例如，一些研究小组开发了 Fe-Ni 合金纳米球嵌入的碳材料或氮掺杂的纳米碳杂化催化剂，是具有用于析氧反应的高活性和低成本的新型催化剂。据报道，Nachtigall 等[39]通过密度泛函理论（DFT）计算出，$FeNi_3$@NC 比由三个氮掺杂碳层覆盖的相同体系更具有催化活性。Dai 等[40]用双金属 MOFs 材料合成了 Fe-Ni/$NiFe_2O_4$@NC 中空微晶，在碱性介质中对 OER 具有优异的电催化性能。尽管 Ni-Fe 合金碳材料复合催化剂对 OER 表现出优异的电催化性能，但不可避免地要使用电绝缘黏合剂将粉末状的催化剂涂覆在导电基底上，这可能会使制成的电极的导电性和稳定性变差，进而影响催化活性，不利于工业上大规模的应用。在本项工作[41]中，我们开发了一种用于催化 OER 的 Ni-Fe 合金泡沫的合成方法，并且详细研究了 Fe 含量对 OER 催化性能的影响，寻求具有最优 OER 性能的催化剂及产氢条件。由于没有任何复杂的电极制备工艺以及未使用电绝缘黏合剂，Ni-Fe 合金泡沫非常适合作为工业碱性介质产氢的阳极。

5.2.1 Ni-Fe 合金泡沫的制备

根据文献通过共电沉积法和模板去除法制备了 Ni-Fe 合金泡沫[42]，制备过程如图 5-9 所示。首先分别用 0.1mol/L KMnO$_4$ 和 0.1mol/L H$_2$SO$_4$ 清洗聚氨酯海绵（2mm 厚）电沉积模板，然后将其在 0.5mol/L 的草酸还原溶液中浸泡 30min，最后用去离子水洗涤 3 次。采用化学镀法对海绵导电性处理，所施加的镀液组成为 NiSO$_4$·6H$_2$O（25g/L）、Na$_4$P$_2$O$_7$·10H$_2$O（50g/L）、NaH$_2$PO$_2$·H$_2$O（25g/L）和 pH 为 10~11 的水溶液，在 30℃下处理 30min。采用恒流（约 400A/m^2）电解法在处理过的聚氨酯海绵上电沉积镍铁合金。所施加的电镀电解液的具体组成为：FeSO$_4$·7H$_2$O、NiSO$_4$·6H$_2$O（300g/L）、NaCl（8g/L）、H$_3$BO$_3$（30g/L）、Na$_2$SO$_4$（60g/L）和 MgSO$_4$（50g/L），pH 为 5.0~5.5，电镀温度为 25℃。根据 FeSO$_4$·7H$_2$O 和 NiSO$_4$·6H$_2$O 的质量变化可以调节 Ni-Fe 合金中 Ni/Fe 比例。电镀 1~2h 后，得到光亮的金属多孔 Ni-Fe 合金。然后为了去除有机泡沫，将多孔 Ni-Fe 合金在 600℃的空气烘箱中放置 4min，最后将产物在 NH$_3$ 还原气氛下在 850℃进行还原烧结 40min 即可。

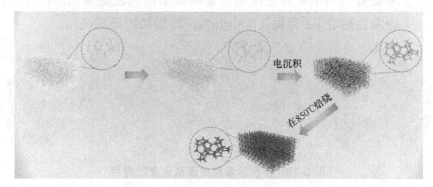

图 5-9 Ni-Fe 合金泡沫的制备过程

5.2.2 Ni-Fe 合金泡沫的表征与评价

用加速电压为 3.0kV 的扫描电子显微镜（TESCANmAIA3，

Czekh）和能量色散 X 射线能谱（EDX）观察已制备样品的形貌和元素图；采用 Bruker D8-advance X 射线衍射仪，利用石墨单色 Cu K 射线进行 X 射线粉末衍射（XRD），从而对样品进行晶态及元素分析。

采用 CHI760E 电化学工作站（CH Instruments, Inc., 上海）在标准三电极体系中进行测试，其中 Ni-Fe 合金泡沫（$0.25cm^2$）作为工作电极，Pt 箔电极（$1cm^2$）和 Ag/AgCl 电极分别用作对电极和参比电极。OER 测试在 1.0mol/L KOH 溶液中进行，根据公式 E（RHE）= E'（Ag/AgCl）+ 0.197 + 0.059 pH，用可逆氢电极（RHE）校准 Ag/AgCl 参比电极。通过公式 $\eta = E$（RHE）− 1.23V 计算过电位（η）。在电解液中以 5mV/s 的扫描速率进行线性扫描伏安（LSV）测量。在+1.42V（$vs.$ RHE）记录了 4000min 的 I-t 曲线。使用 Zahner 电化学工作站（Cimps-2，德国），在 1.50V（$vs.$ RHE）施加一个频率范围为 0.01Hz～100kHz 的 10mV 振幅的交流电压，进行电化学阻抗谱（EIS）测量。

5.2.3　Ni-Fe 合金泡沫的电催化 OER 性能

如图 5-10 所示，首先对所有样品的表面形态进行比较，发现所制备的 Ni-Fe 合金泡沫清楚地显示出灰色金属光泽，并且样品的颜色随着 Fe 含量（0～100%）的增加而逐渐变暗。

图 5-10　不同铁含量的镍铁合金的照片

如图 5-11 所示，通过 SEM 研究了不同 Fe 含量对形态的影响。纯镍泡沫表面的微观结构与镍铁合金泡沫的表面微观结构有些不同，后者相对光滑且无杂质。图 5-11 以较高的放大倍数显示了具有不同 Fe 含量的 Ni-Fe 合金泡沫的详细形貌。值得注意的是，不同的 Fe 含量对 Ni-Fe 合金泡沫的形态有很大的影响。如图 5-11（a）~（c）所示，铁含量（10%、20%、30%）较低的 Ni-Fe 合金泡沫在其表面暴露出很多不均匀和粗糙的形态，就像起伏的丘陵。同时，粗糙的形态被认为可以增加比表面积，从而对提高电催化性能起关键作用。如图 5-11（d）和（e），随着 Fe 含量的增加，表面的粗糙度下降。与纯 Ni 或 Ni-Fe 合金泡沫相比，纯 Fe 泡沫[图 5-11（f）]表面形貌差异较大，非常粗糙且不规则，并且表面出现许多类似于燃烧后的木炭形状的裂纹，表明纯 Fe 非常容易被氧化。从图中可以看出，在较低的放大倍数下 Ni-Fe 合金

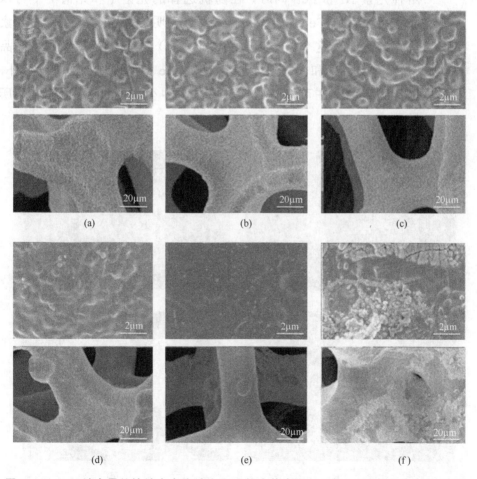

图 5-11　不同铁含量的镍铁合金泡沫在不同放大倍率下的 SEM（下层为倍率放大图）
铁含量：（a）10%；（b）20%；（c）30%；（d）50%；（e）75%；（f）100%

泡沫呈现三维交联骨架，这有利于催化剂和电解质之间的有效接触，并有助于在 OER 期间催化释放生成 O_2。尤其是对于图 5-9（a）~（c）中低铁含量的 Ni-Fe 合金泡沫，表面粗糙而均匀的形貌明显增加了催化剂的有效工作表面积，进而可以提高 OER 的催化活性。

用不同放大倍数的 SEM 对含铁量为 30% 的 Ni-Fe 合金泡沫的形态进行了具体分析，如图 5-12（a）~（c）所示。由于镍铁沉积物的聚集，在三维网状结构的表面修饰了许多细小颗粒。另外，Ni-Fe 合金泡沫上某点的组成由图 5-13 中的 EDS 显示，检测到两种元素 Ni 和 Fe。同时，在随机选择的光谱 1 和光谱 2 中可以显著看出，Ni/Fe 的比率趋于一致，表明样品中的 Fe 和 Ni 元素呈均匀分布，这个结果通过图 5-12（d）被证实，图中显示样品中含有 Ni、Fe 和 O 元素，并且 Ni 和 Fe 均呈现均匀分布。另外，据推测氧的存在可能是由于制备过程中少量的 Ni 或 Fe 被氧化所导致。

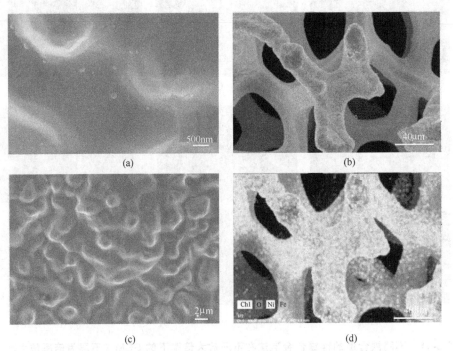

图 5-12　铁含量为 30% 的镍铁合金泡沫的扫描电镜图（a~c）和元素分布图（d）

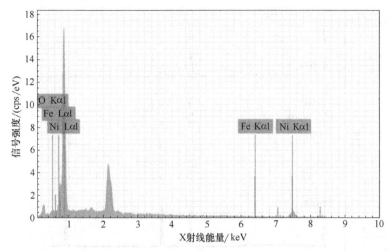

光谱1				
元素	原子量	质量	归一化质量/%	原子占比/%
Ni	28	98.41	98.41	98.33
Fe	26	1.59	1.59	1.67
O	8	0.00	0.00	0.00
总计		100.00	100.00	100.00

光谱2				
元素	原子量	质量	归一化质量/%	原子占比/%
Ni	28	98.31	98.31	98.23
Fe	26	1.69	1.69	1.77
O	8	0.00	0.00	0.00
总计		100.00	100.00	100.00

图 5-13 含铁量为 30%的镍铁合金泡沫的 EDS 图及随机选取 2 个位置的光谱数据

XRD 图有助于分析所有样品并获得相关数据，从而进一步对材料的晶态或非晶态进行研究。如图 5-14 所示，纯铁中只有两个不同的衍射峰，一个较强，另一个较弱，分别位于 44.7°和 64.9°对应于铁（110）和（200）晶面。另外，在 Fe 含量不同的其他催化剂中，没有出现 Fe 的（200）晶面峰，表明 Fe 与 Ni 已形成 Fe-Ni 合金。Ni-Fe 合金泡沫在 44.5°、51.8°和 76.4°处存在三个明显的尖锐的衍射峰，分别对应于 Ni_3Fe 的面心立方（fcc）相的（111）、（200）和（220）晶面，与 EDS 结果一致，证实了 Ni-Fe 合金泡沫中 Ni_3Fe 的形成[43,44]。此外，还可以观察到，随着 Fe 含量从 10%增加到 75%，（110）晶面的峰强度增加而（220）晶面峰强度降低[45]。

本文使用三电极体系在 1.0mol/L NaOH 水溶液中评估了所有催化剂的电催化性能。图 5-15（a）显示了未经处理的 Ni-Fe 合金

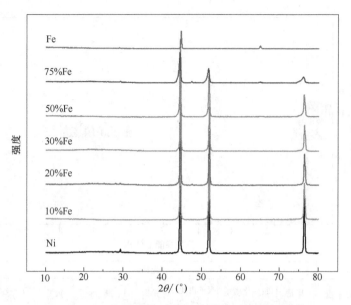

图 5-14　不同铁含量的镍铁合金泡沫的 XRD 图

的 LSV 曲线，观察到除纯 Fe 以外的氧化峰均在 0.2～0.4V 左右，推测在反应过程中 Ni-Fe 合金可能被氧化，表明 Ni-Fe 合金是 OER 的实际活性中心之一[40,46]。当电流密度为 10mA/cm^2 时，纯 Ni、纯 Fe 以及铁含量分别为 10%、20%、30%、50%、75%的 Ni-Fe 合金的过电位分别为 467mV、510mV、412mV、425mV、422mV、418mV、577mV。对比可得，铁含量为 10%的 Ni-Fe 合金的催化剂表现出最高的催化活性。该结果表明，掺入 Fe 有利于提高电催化 OER 性能。如图 5-15（b），根据 LSV 曲线得出的 Tafel 曲线，相应的 Tafel 斜率是 217.03mV/dec、142.26mV/dec、114.55mV/dec、121.06mV/dec、139.96mV/dec、126.88mV/dec、137.03mV/dec。Fe 含量为 10%的 Ni-Fe 合金的 Tafel 斜率（114.55mV/dec）略低于其他催化剂，表明了 OER 的有效催化动力学[47]。为了进一步提高其催化性能，用 0.5mol/L 盐酸对 Ni-Fe 合金进行了预处理，预处理过的 Ni-Fe 合金的 LSV 曲线如图 5-15（c）所示。当电流密度为 10mA/cm^2 时，纯 Ni、纯 Fe 以及铁含量分别为 10%、20%、30%、50%、75%的 Ni-Fe 合金相应的过电位为 463mV、418mV、341mV、356mV、309mV、527mV 和 365mV。相比之下，Fe 含

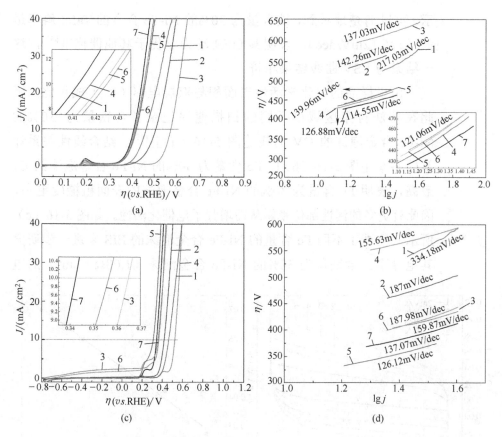

图 5-15 纯镍和不同铁含量的镍铁合金泡沫的 LSV 曲线以及相应的 Tafel 曲线图
1—Ni；2—Fe；3—75% Fe；4—50% Fe；5—30% Fe；6—20% Fe；7—10% Fe
（a）（b）未处理的样品；（c）（d）用盐酸处理后的样品

量为30%的催化剂表现出最高的催化活性。同时，用盐酸预处理的铁含量为30%的催化剂的 OER 活性要比未经任何预处理的铁含量为10%的催化剂的 OER 活性高得多，表明一定浓度的盐酸起着非常重要的作用，改善了 Ni-Fe 合金的电催化性能。我们也曾使用其他稀酸（例如硫酸和硝酸）作为 Ni-Fe 合金的处理剂，但都失败了。尽管目前尚不清楚其详细的机理，但可以推测，在 Ni-Fe 合金上可能形成一些含 Cl^- 的络合物，从而降低 ORE 的过电位。同样的，Ni-Fe 合金相对应的 Tafel 斜率分别为 334.18mV/dec、187mV/dec、137.07mV/dec、187.98mV/dec、126.12mV/dec、155.63mV/dec、159.87mV/dec，如图 5-15（d）所示。可以清楚地看到,铁含量为30%的Ni-Fe合金的Tafel斜率最低(126.12mV/dec),表明其OER动力学优于其他催化剂[48],这一结果与LSV曲线结果相符。

由于样品的电化学活性表面积与双层电容(C_{dl})成正比,因此在非法拉第区域以不同的扫描速率记录了含铁量为30%的Ni-Fe合金泡沫的CV曲线[图5-16(a)][49]。结合线性关系计算的斜率[图5-16(b)],Fe含量为30%的Ni-Fe合金泡沫的C_{dl}最高,表明Fe含量为30%的Ni-Fe合金泡沫的表面粗糙度更高,因此有更多的活性部位暴露从而增强了电催化活性。如图5-16(c)所示,测试了不同Fe含量的Ni-Fe合金泡沫的EIS来进一步研究其电导率。含铁量为30%的Ni-Fe合金泡沫(1.08Ω·cm²)的电

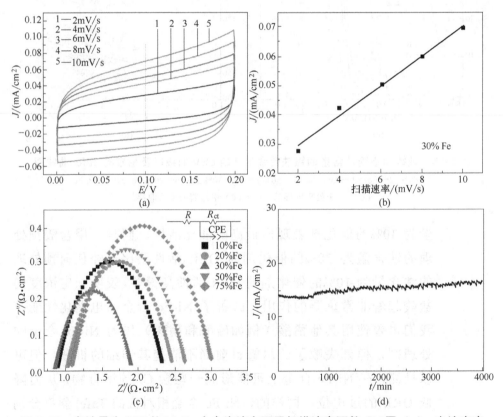

图5-16 含铁量为30%的Ni-Fe合金泡沫在不同扫描速率下的CV图(a);电流密度与CV扫描速率的线性拟合图(b);不同铁含量的Ni-Fe合金泡沫的EIS图(c);含铁量为30%的Ni-Fe合金泡沫的I-t曲线(d)

荷转移电阻（R_{ct}）比其他 Ni-Fe 合金泡沫的电荷转移电阻（R_{ct}）小，这可以确保在基于催化剂的电极和电解质之间的界面上更快地进行电荷转移并产生良好的电催化性能。这一结果可以归因于适当的铁的掺杂改变了载流子浓度，从而有利于提高电导率。最后，通过在 1mol/L NaOH 水溶液中进行 $I\text{-}t$ 测试，评估了催化剂的稳定性，其对于实际水分解非常重要。如图 5-16（d）所示，在 700min 内，电流密度基本保持水平，并且随着活化时间的增加呈现出上升趋势（从 14.368mA/cm^2 到 16.58mA/cm^2），证明了催化剂具有良好的稳定性。因此，含铁量为 30%的 Ni-Fe 合金泡沫可以被认为是具有前途的 OER 催化剂。

5.3 从 NiFeO$_x$H$_y$/rGO/NF 电极到双金属 Ni-Fe 泡沫合金电极

综上所述，我们通过一种简单的原位电沉积方法，成功地开发了一种用于 OER 电催化剂的双金属花状 NiFeO$_x$H$_y$/rGO/NF 电极。XPS 和 IR 光谱研究发现，NiFeO$_x$H$_y$/rGO 含有羟基和 M—O 键，表明 NiFeO$_x$H$_y$/rGO 由 Ni-Fe 羟基氧化物和氢氧化物组成，通常呈层状结构。这种分层结构可以显著增加催化剂的活性位点，从而显著改善 OER 性能。由于 rGO 的接触面积和较高的导电率，进一步提高了 rGO 的稳定性并降低了它的电荷转移阻力。原位电沉积得到的 NiFeO$_x$H$_y$/rGO 在电流密度为 10mA/cm^2 时过电位为 200mV，Tafel 斜率为 29.11mV/dec，表现出优越的 OER 性能。另外我们还成功制备了一系列不同 Fe 含量的 Ni-Fe 合金泡沫，对其表面形貌、元素含量、XRD 等进行了详细研究。通过优化 Ni-Fe 合金泡沫的成分达到了最佳性能：在电流密度为 10mA/cm^2 时过电位为 309mV，具有良好的持久性。这种现象可能归因于具有低铁含量的三维网状结构的独特结构。同时，EIS 谱和 C_{dl} 测试表明，Fe 含量为 30%的 Ni-Fe 合金泡沫具有优异的电子传递能力和更多的活性位，这也证明其具有最佳的 OER 性能。虽然催化活性没有 NiFeO$_x$H$_y$/rGO 电极高，但由于没有任何复杂的电极制备方法和电绝缘黏合剂，镍铁合金泡沫非常适合作为工业碱性介质水分解的阳极。本研究为制备 OER 电催化剂的高活性、低成本和简单方法提供重要的策略。

参考文献

[1] Sherif S A, Barbir F and Veziroglu T N. Wind energy and the hydrogen economy-review of the technology[J]. Solar Energy, 2005, 78(5): 647-660.

[2] Troncoso E, Newborough M. Implementation and control of electrolysers to achieve high penetrations of renewable power[J]. Int J Hydrogen Energy, 2007, 32(13): 2253-2268.

[3] Wang J, Cui W, Liu Q, et al. Recent progress in cobalt-based heterogeneous catalysts for electrochemical water splitting[J]. AdvmAter, 2016, 28: 215-230

[4] Deng X and Tüysüz H. Cobalt-oxide-basedmAterials as water oxidation catalyst: recent progress and challenges[J]. ACS Catal, 2014, 4(10): 3701-3714.

[5] Suen N, Hung S, Quan Q, et al. Electrocatalysis for the oxygen evolution reaction: recent development and future perspectives[J]. Chem Soc Rev, 2016, 46: 337-365.

[6] Lee D U, Xu P, Cano Z P, et al. Recent progress and perspectives on bi-functional oxygen electrocatalysts for advanced rechargeable metal-air batteries[J]. JmAter Chem A, 2016, 4: 7107-7134.

[7] Reier T, Oezaslan M and Strasser P. Electrocatalytic oxygen evolution reaction (OER) on Ru, Ir, and Pt catalysts: a comparative study of nanoparticles and bulkmAterials[J]. ACS Catal, 2012, 2(8): 1765-1772.

[8] Youn D H, Park Y B, Kim J Y, et al. One-pot synthesis of NiFe layered double hydroxide/reduced graphene oxide composite as an efficient electrocatalyst for electrochemical and photoelectrochemical water oxidation[J]. J Power Sources, 2015, 294, 437-443

[9] Chen Y, Rui K, Zhu J, et al. Recent progress on nickel-based oxide/(oxy)hydroxide electrocatalysts for the oxygen evolution reaction[J]. Chem- Eur J, 2019, 25(3): 703-713.

[10] Gong M and Dai H. A mini review of NiFe-basedmAterials as highly active oxygen evolution reaction electrocatalysts[J]. Nano Res, 2015, 8(1): 23-39.

[11] Zhu K, Zhu X and Yang W. Application of in situ techniques for the charac-

terization of NiFe-based oxygen evolution reaction (OER) electrocatalysts[J]. Angew Chem Int Ed, 2019, 58(5): 1252-1265.

[12] Chen J Y, Dang L, Liang H, et al. Operando analysis of NiFe and Fe oxyhydroxide electrocatalysts for water oxidation: detection of Fe^{4+} by mössbauer spectroscopy[J]. J Am Chem Soc, 2015, 137(48): 15090-15093.

[13] Ahn H S and Bard A J. Surface interrogation scanning electrochemical microscopy of $Ni_{1-x}Fe_xOOH$ (0<x< 0.27) oxygen evolving catalyst: kinetics of the "fast" iron sites[J]. J Am Chem Soc, 2016, 138(1): 313-318.

[14] Görlin M, Araújo J F, Schmies H, et al. Tracking catalyst redox states and reaction dynamics in Ni-Fe oxyhydroxide oxygen evolution reaction (OER) electrocatalysts: the role of catalyst support and electrolyte pH[J]. J Am Chem Soc, 2017, 139(5): 2070-2082.

[15] Zhou Q, Chen Y, Zhao G, et al. Active site-enriched iron-doped Nickel/Cobalt hydroxide nanosheets for enhanced oxygen evolution reaction[J]. ACS Catal, 2018, 8(6): 5382-5390.

[16] Yan K, Lafleur T, Chai J, et al. Facile synthesis of thin NiFe-layered double hydroxides nanosheets efficient for oxygen evolution[J]. Electrochem Commun, 2015, 62: 24-28.

[17] Lu X, Zhao C. Electrodeposition of hierarchically structured three-dimensional nickel-iron electrodes for efficient oxygen evolution at high current densities [J]. Nat Commun, 2015, 6: 6616.

[18] Morales-Guio C G, Liardet L and Hu X. Oxidatively electrodeposited thin film transition metal (oxy)hydroxides as oxygen evolution catalysts[J]. J Am Chem Soc, 2016, 138(28): 8946-8957.

[19] Trzesniewski B J, Diaz-Morales O, Vermaas D A, et al. In situ observation of active oxygen species in Fe-containing Ni-based oxygen evolution catalysts: the effect of pH on electrochemical activity[J]. J Am Chem Soc, 2015, 137 (48): 15112-15121.

[20] Friebel D, Louie M W, Bajdich M, et al. Identification of highly active Fe sites in (Ni,Fe)OOH for electrocatalytic water splitting[J]. J Am Chem Soc, 137(3): 1305-1313.

[21] Li Z P, Shang J P, Fu W, et al. In-situ electrodeposited flower-like $NiFeO_xH_y$/rGO on nickel foam for oxygen evolution reaction[J]. J Fuel Chem Tech, 2019, 47(9): 1083-1089.

[22] Guo H, Wang X, Qian Q, et al. A green approach to the synthesis of graphene nanosheets[J]. ACS Nano, 2009, 3(9): 2653-2659.

[23] Hummers W S, Offeman R E. Preparation of graphitic oxide[J]. J Am Chem Soc, 1958, 80(6): 1339-1339.

[24] Rong F, Zhao J, Yang Q, et al. Nanostructured hybrid NiFeOOH/CNT electrocatalysts for oxygen evolution reaction with low overpotential[J]. RSC Adv,

2016, 6:74536-74544

[25] Liu R, Wang Y, Liu D, et al. Water-plasma-enabled exfoliation of ultrathin layered double hydroxide nanosheets with multivacancies for water oxidation[J]. AdvmAter, 2017, 29: 1701546.

[26] Zhang Y and Lu J. A mild and efficient biomimetic synthesis of rodlike hydroxyapatite particles with a high aspect ratio using polyvinylpyrrolidone as capping agent[J]. Crystal Growth & Design, 2008, 8(7): 2101-2107.

[27] Gao W, Xia Z, Cao F, et al. Comprehensive understanding of the spatial configurations of CeO_2 in NiO for the electrocatalytic oxygen evolution reaction: embedded or surface-loaded[J]. Adv FunctmAter, 2018, 28(11): 1706056.

[28] Jin H, Wang J, Su D, et al. In situ cobalt-cobalt oxide/N-doped carbon hybrids as superior bifunctional electrocatalysts for hydrogen and oxygen evolution[J]. J Am Chem Soc, 2015, 137(7): 2688-2694.

[29] Pickrahn K L, Park S W, Gorlin Y, et al. Active MnO_x electrocatalysts prepared by atomic layer deposition for oxygen evolution and oxygen reduction reactions[J]. Adv EngmAter, 2012, 2(10): 1269-1277.

[30] Zhao Z, Lamoureux P S, Kulkarni A, et al. Trends in oxygen electrocatalysis of $3d$-layered (oxy)(hydro)oxides[J]. ChemElectroChem, 2019, 11(15): 3423-3431.

[31] Qin Y, Wang F, Shang J, et al. Ternary NiCoFe-layered double hydroxide hollow polyhedrons as highly efficient electrocatalysts for oxygen evolution reaction[J]. J Energy Chem, 2020, 43, 104-107.

[32] Majhi K C, Karfa P, Madhuri R. Bimetallic transition metal chalcogenide nanowire array: An effective catalyst for overall water splitting[J]. Electrochim Acta, 2019, 318: 901-912.

[33] Du Y, Khan S, Zhang X, et al. In-situ preparation of porous carbon nanosheets loaded with metal chalcogenides for a superior oxygen evolution reaction[J]. Carbon, 2019, 149: 144-151.

[34] Zhao D, Shao Q, Zhang Y, et al. N-doped carbon shelled bimetallic phosphates for efficient electrochemical overall water splitting[J]. Nanoscale, 2018, 10(48): 22787-22791.

[35] Singh R N, Singh J P, Singh A. Electrocatalytic properties of new spinel-type $MMoO_4$ (M = Fe, Co and Ni) electrodes for oxygen evolution in alkaline solutions[J]. Int J Hydrogen Energy, 2008, 33(16): 4260-4264.

[36] May K J, Carlton C E, Stoerzinger K A, et al. Influence of oxygen evolution during water oxidation on the surface of perovskite oxide catalysts[J]. J Phys Chem Lett, 2012, 3(22): 3264-3270.

[37] Friebel D, Louie M W, Bajdich M, et al. Identification of highly active Fe sites in (Ni,Fe)OOH for electrocatalytic water splitting[J]. J Am Chem Soc, 2015, 137(3): 1305-1313.

[38] Klaus S, Cai, Louie M W, et al. Effects of Fe electrolyte impurities on Ni(OH)$_2$/NiOOH structure and oxygen evolution activity[J]. J Phys Chem C, 2015, 119(13): 7243-7254.

[39] Lyu P, Nachtigall P. Systematic computational investigation of an Ni$_3$Fe catalyst for the OER[J]. Catalysis Today, 2020, 345: 220-226.

[40] Ma Y, Dai X, Liu M, et al. Strongly coupled FeNi alloys/NiFe$_2$O$_4$@carbonitride layers-assembled microboxes for enhanced oxygen evolution reaction [J]. ACS ApplmAter Interfaces, 2016, 8(50): 34396-34404.

[41] Yang X M, Li Z P, Qin J, et al. Preparation of Ni-Fe alloy foam for oxygen evolution reaction[J]. J Fuel Chem Tech, 2021,49(06): 827-834.

[42] Liu P S and Liang K M. Preparation and corresponding structure of nickel foam[J]. JmAter Sci Technol, 2000, 16: 575-578.

[43] Li W, Hu Q, Liu Y, et al. Powder metallurgy synthesis of porous Ni-Fe alloy for oxygen evolution reaction and overall water splitting[J]. JmAter Sci Technol, 2019, 37: 154-160.

[44] Jin J, Xia J, Qian X, et al. Exceptional electrocatalytic oxygen evolution efficiency and stability from electrodeposited NiFe alloy on Ni foam[J]. Electrochim Acta, 2019, 299: 567-574.

[45] Ullal Y, Hegde A C. Electrodeposition and electrocatalytic study of nanocrystalline Ni-Fe alloy[J]. Int J Hydrogen Energy, 2014, 39: 10485-10492.

[46] Hou Y, Cui S M, Wen Z H, et al. Strongly coupled 3D hybrids of N−doped porous carbon nanosheet/CoNi alloy-encapsulated carbon nanotubes for enhanced electrocatalysis[J]. Small, 2015, 11(44): 5940-5948.

[47] Shah S A, Ji Z, Shen X, et al. Thermal synthesis of FeNi@Nitrogen-doped graphene dispersed on nitrogen-doped carbonmAtrix as an excellent electrocatalyst for oxygen evolution reaction[J]. ACS Appl EnergymAter, 2019, 2(6): 4075-4083.

[48] Wang C, Sui Y, Xu M, et al. Synthesis of Ni-Ir nanocages with improved electrocatalytic performance for the oxygen evolution reaction[J]. ACS Sustain Chem Eng, 2017, 5(11): 9787-9792.

[49] Xiang D, Bo X, Cao X, et al. Novel one-step synthesis of core@shell iron-nickel alloy nanoparticles coated by carbon layers for efficient oxygen evolution reaction electrocatalysis[J]. J Power Sources, 2019, 438: 226988.

第6章 高效双金属协同催化析氧和氧还原反应

6.1 Ni-Co双金属协同催化析氧和氧还原反应

6.2 Ag-Mo双金属协同催化ORR反应

6.3 Ni-Co双金属催化剂和Ag-Mo双金属催化剂的比较

可充放锌空气燃料电池具有价格低廉、环境友好和能量密度高（1300W·h/kg）等优势，在便携式交通工具和能量储存器件应用方面潜力巨大[1,2]。该电池的核心组成是驱动氧还原反应（ORR）和析氧反应（OER）的双功能催化剂，但目前存在氧还原和析氧反应缓慢导致的高过电位及循环稳定性差等问题[3]。因此，发展高效稳定的双功能催化剂，对于推动可充放锌空气燃料电池的实际应用具有重要意义。到目前为止，Pt 及其合金是最好的 ORR 催化剂[4]，IrO_2 和 RuO_2 是最高效的 OER 催化剂[5,6]，将两者复合可以得到性能最好的 ORR 和 OER 催化剂[7]，但贵金属催化剂因资源短缺且成本高，严重阻碍锌空气燃料电池产业化。因此，需要探索和研究低成本、高活性和稳定性的非贵金属电催化材料。

6.1 Ni-Co 双金属协同催化析氧和氧还原反应

与贵金属催化剂相比，非贵金属催化剂由于高丰度和低成本广受关注，主要包括掺杂碳材料[8]、过渡金属氧化物如 MnO_2[9]、钙钛矿型金属氧化物[10]、尖晶石型金属氧化物[11]等。其中，在尖晶石型金属氧化物中，$NiCo_2O_4$ 由于其较高的电导率和电催化活性受到广泛研究，各种结构包括 $NiCo_2O_4$ 纳米微球[12]、$NiCo_2O_4$ 纳米片[13]、多孔 $NiCo_2O_4$ 纳米结构[14-16]、$NiCo_2O_4$ 纳米线阵列[17,18]、$NiCo_2O_4$ 纳米花[19]等。通过对上述结构 $NiCo_2O_4$ 的比较，发现不同的 $NiCo_2O_4$ 结构对其催化活性有很大影响，而具有更多的缺陷暴露和更高的比表面积往往展现出更高的催化活性。基于此，本文采用水热法并进一步焙烧得到 $NiCo_2O_4$ 催化剂[20]，通过调控反应温度和时间制备出脊椎状 $NiCo_2O_4$ 纳米棒，相比于完整的纳米棒，该纳米棒暴露了更多的缺陷位并得到较好的 OER 和 ORR 催化活性。

6.1.1 脊椎状 $NiCo_2O_4$ 纳米材料的制备

分别称量 0.58g $Co(NO_3)_2·6H_2O$、0.29g $Ni(NO_3)_2·6H_2O$、0.72g 尿素[21]，依次加入 100mL 烧杯中，再向烧杯加入乙二醇和蒸馏水

各40mL,用玻璃棒不断搅拌直至溶解。溶解后将溶液转移到80mL的水热反应釜中,并将其置于烘箱中,分别在 160℃、180℃、200℃、220℃反应时间 12h。反应完毕后自然冷却,倒出溶液离心并用去离子水和无水乙醇清洗,重复 2~3 次,将洗涤好的前驱体样品在烘箱中 60℃下干燥 10h,然后将所得样品转移到小坩埚中,于马弗炉中在 550℃下焙烧 3h,即得到黑色粉末,用玛瑙研钵研磨该黑色粉末备用。

6.1.2 脊椎状 $NiCo_2O_4$ 纳米材料的表征与评价

将所制备的催化剂在 200kV 场发射透射电镜 JEM-2100F 上测试其微观结构,用德国 BRUKER X 射线衍射仪对其晶形进行测试(D8 Focus X 射线管,电压为 40kV,电流为 40mA,阳极靶材料为 Cu 靶,扫描速率为 10°/min,扫描角度为 20°~80°)。用 Escalab250Xi(激发源为单色化的 Al Kα X 射线)光电子能谱仪对催化剂的表面价态进行测试。前驱体在 TG 209(德国耐驰)热分析系统(由室温升到 1000℃,N_2 氛围保护,升温速率为 20℃/min)测试 TG 曲线。

脊椎状 $NiCo_2O_4$ 纳米材料电催化性能的测定:制备工作电极,用移液管分别移取无水乙醇 3mL 和超纯水 1mL 于 5mL 样品管中,加入 120μL Nafion 备用。用电子天平称取 2mg 样品,装入 0.5mL 样品管中。将样品管放在数控超声波清洗器中(用泡沫片固定),将温度设定为 20℃,频率调为 80Hz,超声 20min 后取出。再用微型注射器从样品管中移取 6μL,滴到打磨好的 3mm 玻碳电极上,将滴过样品的玻碳电极放在远红外线干燥箱中干燥,干燥 5min 后取出。析氧性能测试在 CHI660E 型电化学工作站(上海辰华仪器有限公司)上进行。采用三电极体系测量,使用小型玻璃电解槽,电解液为 0.1mol/L KOH,辅助电极为铂丝电极,参比电极为 Hg/HgO 电极(0.098V,vs. NHE),工作电极为 3mm 直径玻碳电极,保持三电极反应的一端在同一水平面,排除玻碳电极表面吸附或析出的气泡,使用线性扫描伏安法(LSV)和循环伏安法（CV）进行测试。

氧还原性能的测定：将析氧测试过程中配制好的样品管继续放在数控超声波清洗器中（用泡沫片固定），同样条件下超声20min后取出。再用微型注射器移取8μL，滴到5mm玻碳电极上，将滴过样品的玻碳电极放在远红外线干燥箱下干燥，干燥5min后取出。采用三电极体系测量，使用六孔玻璃电解槽，参比电极为Ag/AgCl，辅助电极为铂电极，工作电极为滴加了样品的5mm玻碳电极，电解液为0.1mol/L KOH。测试之前，将高纯氧气通入电解液中鼓泡20min，测试过程中将高纯氧气通在电解液液面上，测试不同转速下氧还原的稳态曲线。

6.1.3 脊椎状 $NiCo_2O_4$ 纳米材料的电催化 OER 及 ORR 性能

图6-1是脊椎状$NiCo_2O_4$纳米催化剂的透射电镜微观结构形貌图，图6-1（a）和（b）分别是该纳米催化剂大量存在时100nm和50nm尺度下的TEM图，可以看出$NiCo_2O_4$纳米粒子均为棒状结构，棒状结构中直径分布在12.83～27.04nm之间，长度介于

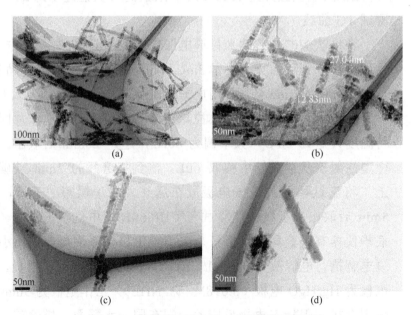

图6-1 脊椎状 $NiCo_2O_4$ 纳米棒的 TEM 图
（a）催化剂大量存在时；（b）局部放大图；（c）单个脊椎状纳米结构；（d）完整的纳米棒结构

100nm～1μm。由图可知催化剂中大量存在的脊椎状 $NiCo_2O_4$ 纳米结构［图6-1（c）］，当然也看到了没有脊椎状的纳米棒结构［图6-1（d）］，由此我们推测脊椎状纳米棒的形成可能是由于反应时间不充分导致的，进而暴露了更多的缺陷结构。由图可以看出脊椎状 $NiCo_2O_4$ 纳米线是由许多细小纳米颗粒组装而成的，其粒径在 10～30 m 范围内，纳米颗粒之间相对独立还有很多的孔隙。很明显，脊椎状纳米线与传统的单晶纳米线有很大区别。这些孔隙的出现很大程度上是由于尿素在退火过程中的分解，产生许多微小的气体分子，气体分子释放之后就留下微小孔洞。这些微小的孔洞可以提供更多的接触面与电解液充分作用，从而提高电化学活性。

图 6-2 是在 550℃下焙烧 3h 后制备的脊椎状 $NiCo_2O_4$ 纳米棒的 XRD 图。由图可见，尖晶石型 $NiCo_2O_4$ 粉体出现的衍射特征峰明显，特别是 $2\theta = 36.70°$ 时衍射峰最强，相应的晶面指数为（311），另外在（220）、（400）、（511）、（440）、（620）、（622）、（444）处出现衍射峰和强度，与 $NiCo_2O_4$ 标准谱图吻合（PDF 20-0781），在 XRD 谱图中衍射峰较窄，说明所制备的样品晶化程度较高[5]。

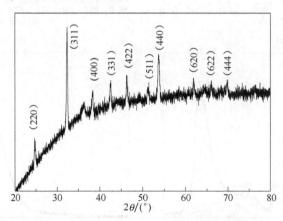

图 6-2 脊椎状 $NiCo_2O_4$ 纳米棒的 XRD 图

催化剂的表面价态由 XPS 光电子能谱获得，如图 6-3（a）XPS 全谱中显示了元素 Ni、Co、O 的存在，少量的 C 元素是测试过程的本底峰。XPS 分析表明 $NiCo_2O_4$ 中元素 Ni、Co 和 O 的表面百分比分别为 18.2%、19.01% 和 62.79%，如图 6-3（a）中的插图所示，Ni 的含量偏高很多，这可能是由于 Ni 富集在 $NiCo_2O_4$ 纳米棒表面的原因。高分辨 Ni 2p 的拟合峰如图 6-3（b）所示，有两组分别对应于 Ni $2p_{3/2}$（855.0eV，853.2eV）和 Ni $2p_{1/2}$（873.0eV，871.6eV）的宽信号被观察到，表明 Ni 元素可归于典型氧化物中的 Ni^{2+} 和 Ni^{3+} 的峰，Sat. 是其卫星峰。峰信号的进一步分析表明晶格中镍元素以 Ni^{2+} 为主导。高分辨 Co 2p 的 XPS 谱如图 6-3（c）所示，Co $2p_{1/2}$ 和 Co $2p_{3/2}$ 中的两组峰 796.10eV 和 780.50eV、794.30ev 和 779.30eV 分别对应于 Co^{2+} 和 Co^{3+}，两个主峰的左边的弱峰分别对应于 Co^{2+} 和 Co^{3+} 的卫星峰。O 1s 信号主

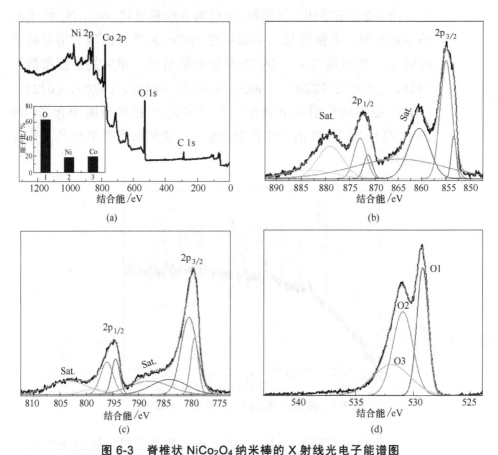

图 6-3　脊椎状 $NiCo_2O_4$ 纳米棒的 X 射线光电子能谱图
（a）全谱图（插图为原子比）；（b）高分辨 Ni 2p 谱；（c）高分辨 Co 2p 谱；（d）高分辨 O 1s 谱

要是由 O1（529.3eV）和 O2（531.0eV）组成，如图 6-3（d）所示，分别对应 M—O 和缺陷位配位氧，表明所制备的脊椎状 $NiCo_2O_4$ 纳米棒有大量的不饱和态，而正是这种不饱和态有利于形成催化剂的活性位中心，从而提高其催化活性。此外在 O3（532.4eV）还有少量的物理或化学吸附水中的氧。

为了了解催化剂的稳定性能及晶体形成的最低温度，对水热反应 200℃反应得到的 $NiCo_2O_4$ 脊椎状纳米棒进行热重分析，如图 6-4 所示，曲线在 200℃之前失重率约为 2.0%，可能是由于催化剂中含某些物理吸附水、结构水的蒸发以及低热固相反应残留乙二醇挥发所致[7]。随后在 400～600℃之间，曲线有一迅速下降的失重峰，这一阶段失重率约为 31.28%，最大失重率时温度约为 500℃，可能是由于 $Ni(OH)_2$、$Co(OH)_2$ 和 O_2 生成 $NiCo_2O_4$ 晶体和水，水挥发的缘故[22]。当温度到 550℃以后，催化剂基本上没有质量损失，因此在催化剂制备过程中，焙烧温度设定为 550℃。

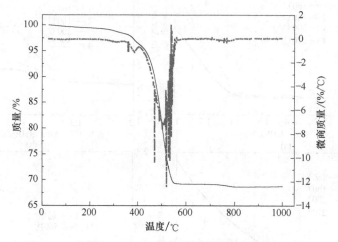

图 6-4 脊椎状 $NiCo_2O_4$ 纳米棒前驱体的热重分析图

通过测定该析氧催化剂的起始电位、析氧过电位、电流密度为 $50mA/cm^2$ 的电位值以及 Tafel 曲线斜率来判断其电催化活性。一方面，起始电位表明催化剂的本征催化活性，其值越负，析氧过电位越小，析氧催化剂的析氧活性越高[8]。另一方面，Tafel 斜率反映出催化剂的电导率，Tafel 斜率越小，内在的电导率越高，相应的催化活性也高。

如图 6-5（a）是在 160℃、180℃、200℃、220℃下制备的 $NiCo_2O_4$ 催化剂在 0.1mol/L KOH 中的线性扫描伏安曲线，在相同的电流密度下，温度为 160℃、180℃和 220℃制备的催化剂所对应的曲线的析氧电位明显高于温度为 200℃所对应曲线的析氧电位，表明温度为 200℃下制备的脊椎状 $NiCo_2O_4$ 催化剂的电催化活性明显高于在其他温度下制备的 $NiCo_2O_4$ 催化剂，见表 6-1，200℃下制备的脊椎状 $NiCo_2O_4$ 催化剂的起始氧化电位为 309mV，并且在大电流 $50mA/cm^2$ 的条件下过电位依然最小为 418mV。与文献中其他形貌的 $NiCo_2O_4$ 相比，脊椎状 $NiCo_2O_4$ 纳米线显示出了较好的电催化 OER 活性，起始氧化电位比文献中报道的 Pt/C 催化剂低 280mV，比 $NiCo_2O_4$ 纳米颗粒和纳米线催化剂低 100mV

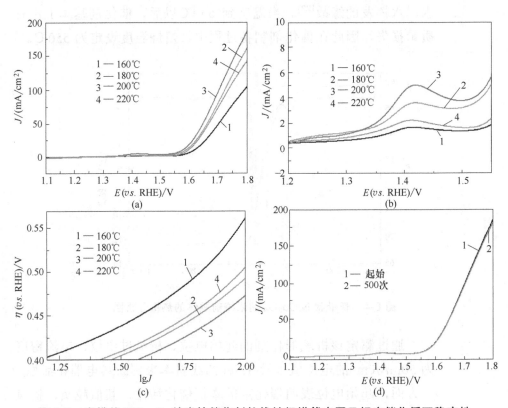

图 6-5 脊椎状 $NiCo_2O_4$ 纳米棒催化剂的线性扫描伏安图及相应催化循环稳定性
（a）不同温度下制备的脊椎状 $NiCo_2O_4$ 纳米棒在 0.1mol/L KOH 中的线性扫描伏安图；（b）1.4V 左右氧化峰的放大图；（c）其相应的 Tafel 曲线；（d）催化剂 500 次循环稳定性

表 6-1　不同温度下制备的脊椎状 $NiCo_2O_4$ 纳米棒的析氧反应结果

温度/℃	起始氧化电位/mV	Tafel 斜率/(mV/dec)	η/V[①]
160	341	164.2	473
180	320	148.4	433
200	309	145.6	418
220	326	160.6	437

① 电流密度为 $50mA/cm^2$ 时的测试结果。

以上[14,23]。另外，在 1.3~1.5V 之间出现一小的氧化峰，如图 6-5 (b) 所示，且氧化峰的大小与析氧峰的大小一致，该氧化峰可能是 Ni^{2+} 和 Co^{2+} 氧化为 Ni^{3+} 和 Co^{3+} 的氧化峰，此处的阳极峰出现大的峰值电流，这表明在进行 OER 反应之前，较多氧化物向高价态转化，产生了大量的高价氧化物活性点，对提高析氧反应的电催化活性有利[9,10]。图 6-5 中 (c) 是 (a) 图对应的 Tafel 曲线，数据见表 6-1，由图可知，温度分别为 160℃、180℃、220℃所对应的 Tafel 曲线斜率 (164.2mV/dec、148.4mV/dec、160.6mV/dec) 均比 200℃时 (145.6mV/dec) 高，这表明 200℃制备的催化剂的催化性能最好。图 6-5 (d) 为 200℃下制备的脊椎状 $NiCo_2O_4$ 催化剂经过 500 次的循环寿命测试，其析氧电位几乎没有发生变化，说明该催化剂有很好的电化学稳定性。

由于暴露了更多的边缘缺陷，脊椎状 $NiCo_2O_4$ 纳米棒展现出更好的电催化氧还原性能，如图 6-6 为脊椎状 $NiCo_2O_4$ 纳米棒、玻碳电极以及铂黑在饱和氧气的碱性水溶液中的循环伏安图。对于玻碳电极在-0.346V 的很小的氧还原峰，尽管有很强的电容背景电流，脊椎状 $NiCo_2O_4$ 纳米棒在-0.279V (vs. Ag/AgCl) 出现了一个很强的特征氧还原峰，而铂黑的氧还原电位为-0.254V，还原电流略比脊椎状 $NiCo_2O_4$ 纳米棒高，说明脊椎状 $NiCo_2O_4$ 纳米棒展现出更为接近铂黑的电催化活性。

为进一步研究脊椎状 $NiCo_2O_4$ 的氧还原动力学性能，实验中利用旋转圆盘电极对电催化剂进行了评价。如图 6-7 (a) 是脊椎状 $NiCo_2O_4$ 纳米棒用旋转圆盘电极体系测定的在转速为 400r/min、

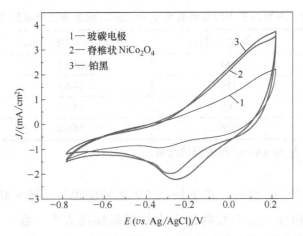

图 6-6 脊椎状 $NiCo_2O_4$ 纳米棒、玻碳电极、铂黑的在饱和氧气的 0.1mol/L KOH 中的循环伏安图对比

扫描速率 50mV/s，参比电极 Ag/AgCl

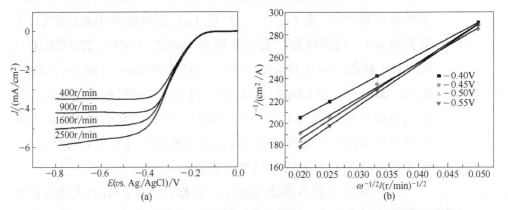

图 6-7 脊椎状 $NiCo_2O_4$ 纳米棒在饱和氧气的 0.1mol/L KOH 电解质中的线性扫描伏安图（a）及相应的在不同电位下的 K-L 曲线（b）

900r/min、1600r/min、2500r/min 下的 LSV 曲线，由图可知，从 400r/min 到 2500r/min 的极限电流密度分布在 $-3 \sim 6mA/cm^2$ 区间，随着旋转圆盘电极转速的增大，氧还原的极限电流密度逐渐增大，其中氧还原极限电流密度在 1600r/min 可达到 $5.095mA/cm^2$，半波电位在 -0.25V，其极限还原电流和半波电位都略低于 Pt/C 催化剂[24]，但高于常规方法制备出的 $NiCo_2O_4$ 颗粒[13]、纳米线[17]以及纳米空心球[24]，说明催化剂拥有了更高的催化活性和电解液的接触面积，因此暴露了更多的活性位中心。为了更深入地了解其氧

还原催化活性，可以根据 Koutecky-Levich（K-L）方程来分析电极动力学过程，计算公式如下[17]：

$$\frac{1}{J} = \frac{1}{J_k} + \frac{1}{J_d}$$

$$J_k = nFAKc_{O_2}$$

$$J_d = 0.62nFc_{O_2}D_{O_2}^{2/3}\nu^{-1/6}\omega^{1/2} = B\omega^{1/2}$$

$$\frac{1}{J} = \frac{1}{J_k} + \frac{1}{J_{dl}} = \frac{1}{J_k} + \frac{1}{B}\omega^{-1/2}$$

式中，J 是测试到的盘电流密度；J_d、J_k 是指极限电流密度和动力学电流密度；n 是转移电子数；F 是法拉第常数（96485C/mol）；D_{O_2} 是 O_2 在 0.1mol/L KOH 溶液中的扩散速率（$1.86\times10^{-5}\text{cm}^2$/s）；$c_{O_2}$ 是电解液中氧气的浓度（$1.21\times10^{-6}\text{mol/cm}^3$）；$\nu$ 为电解质溶液的动力学黏度（0.01cm^2/s）；ω 是电极的转速[25]。由该公式与测得的 K-L 曲线的斜率可以计算 ORR 过程中的电子转移数。图 6-7 (b) 是不同电位下的线性拟合图，J^{-1} 与 $\omega^{-1/2}$ 呈现较好的线性关系但不很平行，说明不同电位下电子转移数不同，即反应机理略有不同。其在电位 -0.40V、-0.45V、-0.50V、-0.55V 下的电子转移总数（n）分别为 3.2、3.4、3.7、3.8，接近四电子转移过程。

6.2 Ag-Mo 双金属协同催化 ORR 反应[25]

非 Pt 电催化剂如 Pd[26,27]、Ag[28-31]、锰氧化物[32,33]、金属氮化物[34]和混合金属氧化物[35]由于导电率高、价格低、性能好等优点，近年来被用作燃料电池和金属-空气电池的阴极催化剂。烧绿石型催化剂（$A_2B_2O_6O'$）与钙钛矿型催化剂具有相似的结构，烧绿石型催化剂形成 B_2O_6 结构并具有 BO_6 框架正八面体共顶角。在 O' 位点它有一个 OH^- 的活性表面，在碱性介质中的 ORR 反应过程中，可以与被吸附的 O_2-ads 进行交换[36]。

钼酸银 $Ag_2Mo_2O_7$ 也是烧绿石氧化物。$Ag_2Mo_2O_7$ 与其他钼酸银材料，如 $Ag_2Mo_4O_{13}$ 和 $Ag_6Mo_{10}O_{33}$ 都具有高导电性并应用于导电玻璃[37]。石峰等人[38]发现 $Ag_6Mo_{10}O_{33}$ 在碳-碳偶联反应中发现具有良好的催化性能。然而，钼酸银材料对 ORR 的电化学活性尚未见报道。本研究采用水热法制备了钼酸银催化剂，并对其在碱性溶液中的电催化活性进行了评价。与 Pt/C 催化剂相比，该材料在碱性溶液中对 ORR 具有较好的催化活性和较高的稳定性。

6.2.1 Ag-Mo 双金属催化剂的制备

根据文献合成了钼酸银材料[38]，在磁力搅拌下将 0.25mol/L $AgNO_3$ 滴加到 0.0175mol/L $(NH_4)_6Mo_7O_{24} \cdot 4H_2O$ 溶液中。然后分别用 20mL、22mL 和 25mL 的 2mol/L 硝酸来调节母液的酸度。在 140℃的热水中反应 12h 后，反应混合物过滤、清洗和干燥空气 4h，然后在 450℃下空气气氛煅烧 4h。所得 Ag-Mo 催化剂材料分别表示为 Ag-Mo-20、Ag-Mo-22、Ag-Mo-25。此外，采用乙二醇（EG）法制备了 Pt/C 催化剂用于比较。

6.2.2 Ag-Mo 双金属催化剂的表征与评价

材料的晶相分析采用 Siemens D/max-RB 粉末 X 射线衍射仪（Cu Kα1 辐射，40mA，40kV）进行相表征。材料的 X 射线光电子能谱（XPS）采用 VG ESCALAB 210 光电子能谱仪（1253.6eV，Mg Kα 辐射）。催化材料的表面形貌使用 JEM 2010 高分辨透射电子显微镜（HRTEM，200keV）。材料在 77 K 时的吸附和解吸等温线用 Micromeritics ASAP 2010 N_2 吸脱附仪进行测量。

电催化性能评价：采用旋转圆盘电极（RDE，ATA-1B 江苏电分仪器有限公司，直径 3mm）作为工作电极。将 5mg 催化剂超声悬浮于 0.5mL 乙醇和 25μL 5%（质量分数）Nafion 溶液中约 30min，然后在电极表面涂上 3μL 的浆液。除体相银的负载量为 87μg 外，圆盘电极上催化剂的负载量为 29μg。ORR 实验的电位范围为 0.07～-0.8V（vs. Hg/HgO），扫描速率为 10mV/s。催化剂寿命测试（ADT）在 0.5～-0.8V（vs. Hg/HgO）之间进行 500 次扫描，扫描速率为 10mV/s，电解液为 1mol/L KOH 溶液。单个电池测试使用 Land 电池测试系统（武汉金诺公司）。采用抛光的锌板和 1cm×1cm 催化剂包覆的气体扩散层作为正极和负极，电解质为 6mol/L KOH 溶液。

6.2.3 Ag-Mo 双金属催化剂电催化 ORR 反应

图 6-8（a）为 Ag-Mo 双金属氧化物材料的 XRD 谱。Ag-Mo-20 的（$1\bar{1}2$）面和（$\bar{1}\bar{1}2$）面分别形成了 28.2°和 28.8°的 2θ。随着硝酸浓度的增加，（$1\bar{1}2$）和（$\bar{1}\bar{1}2$）峰消失，纯 $Ag_6Mo_{10}O_{33}$ 最终得到相（Ag-Mo-22 样品）。Ag-Mo-25 样品在 27.1°处有一个杂质峰，说明 Ag-Mo-22 比 Ag-Mo-25 具有更好的晶相。通过 XPS [图 6-8（b）] 对合成样品中 Ag 和 Mo 的氧化状态进行评价，证实了 Ag（Ⅰ）和 Mo（Ⅵ）状态的存在。透射电子显微镜结果（图 6-9）显示了这些样品中 Ag-Mo 杂化材料的紧密排列特征。

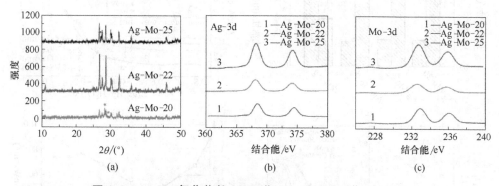

图 6-8 Ag-Mo 氧化物的 XRD 谱（a）和 XPS 谱（b，c）

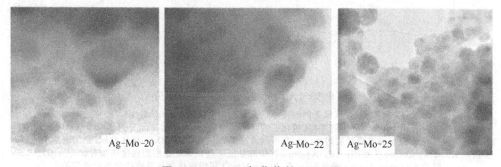

图 6-9 Ag-Mo 氧化物的 TEM 图

图 6-10（a）为样品 Ag-Mo-22 分别在 N_2 和 O_2 饱和的 1mol/L KOH 溶液中的循环伏安曲线，在 O_2 饱和液中可以观察到两个阴极还原电流峰，但在 N_2 饱和的 KOH 溶液中则没有看到，表明

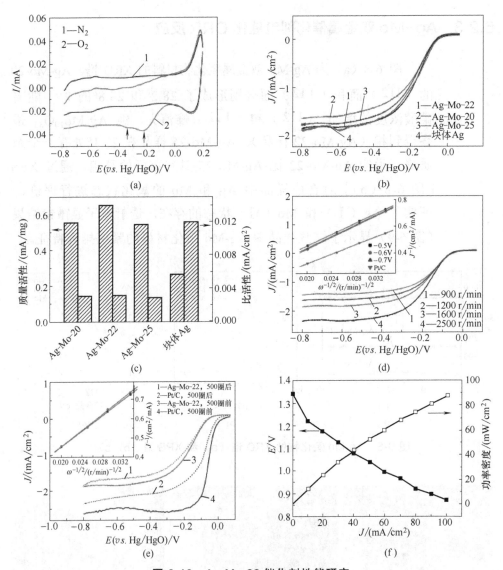

图 6-10　Ag-Mo-22 催化剂性能研究

（a）Ag-Mo-22 在 O_2 气氛和 N_2 气氛下的的循环伏安曲线，电解液 1 mol/L KOH，扫描速率 100 mV/s；（b）Ag-Mo 材料在 1600r/min 下的 ORR 极化曲线，电解液为 O_2 饱和的 1 mol/L KOH 溶液；（c）-0.1V 时单位质量和单位面积的电流密度对比；（d）在不同转速下 Ag-Mo-22 的 ORR 极化曲线，扫描速率 10mV/s，插图为 Koutecky-Levich 关系图；（e）Ag-Mo-22 和 Pt/C 催化剂在 500 圈后的极化曲线对比，插图为-0.5V 时的 Koutecky-Levich 关系图；（f）用 Ag-Mo-22 阴极催化剂组装成锌空气电池后的在不同电流密度下的功率密度，电解液 6mol/L KOH

Ag-Mo 杂化材料对 ORR 具有催化活性,且该材料上的 ORR 过程可能经历两电子和四电子的结合途径。

通过旋转圆盘电极(RDE)测量来研究 Ag-Mo 材料的 ORR 性能[图 6-10(b)]。为了便于比较,图中还比较了体相的 Ag 的极化曲线。为了进一步研究 Ag-Mo 催化剂的内在的电催化活性,通过分析双层电容下电势阶跃法计算了 Ag-Mo 催化剂的电化学表面积(ESA),采用纯汞的双层电容为 $20\mu F/cm^2$[39],这种计算方法只是粗略估计,对于 Ag-Mo-20、Ag-Mo-22 和 Ag-Mo-25 来说,ESA 值约为 $5.10cm^2$、$5.65cm^2$ 和 $5.48cm^2$。图 6-10(c)显示了在 -0.1V 时单位面积和单位质量的电流密度对比,在所有的三个样品中,单位质量和单位面积的电流密度相差不大,而 Ag-Mo-22 表现出电流密度略高,这可能是来自更高 ESA 的贡献以及更高的 BET 表面积(表 6-2),也进一步提高了其催化活性[32]。根据 Gatehouse 等人[40,41]的文献报道,$Ag_2Mo_2O_7$ 和 $Ag_6Mo_{10}O_{33}$ 组成的链和层形成成对的 MoO_6 八面体的边缘共享,而银离子位于链和层之间。这种晶体结构的排列有利于阳离子的移动,并且具有良好的导电性。众所周知,金属氧化物的电导率和离子导电性对其电化学活性有显著影响。因此 $Ag_2Mo_2O_7$ 和 $Ag_6Mo_{10}O_{33}$ 高的电导率相有助于提高其 ORR 的催化活性。与体相的银相比,Ag-Mo 催化剂的比活性要低。然而,单位质量的 Ag-Mo-22 的活性要远高于 Ag。如果再加上催化剂的成本,银钼催化剂应该是一个很好的选择。

表 6-2 Ag-Mo 催化剂的比表面积

HNO_3 加入量/mL	样品	$S_{BET}/(m^2/g)$
20	Ag-Mo-20	1.83
22	Ag-Mo-22	4.36
25	Ag-Mo-25	1.47

用旋转圆盘电极 RDE 法研究了 Ag-Mo-22 催化剂的 ORR 动力学[图 6-10(d)]。由图可知,氧还原电流密度随转速增大而增大。图 6-10(d)中的插图是由极限电流密度和角速度的 -1/2

次方得到的 Koutecky-Levich 图。如果假设 Pt/C 催化剂电子转移数是 4，通过计算在-0.7~-0.5V 范围内，Ag-Mo-22 的电子转移数为 3.3，这表明 Ag-Mo-22 催化剂的 ORR 反应经历了两电子和四电子两种途径结合的过程，并且这也与其在饱和氧气气氛下的循环伏安双还原峰一致。由于过氧化物收率仍然很高，需要更进一步的改进，如添加其他活性成分等。

催化剂寿命性能试验表明，Ag-Mo-22 催化剂在碱性溶液中的耐久性能优于 Pt/C［图 6-10（e）］。Ag-Mo-22 和 Pt/C 催化剂在寿命测试（ADT）前的电流密度在-0.1V 分别为 0.25mA/cm^2 和 2.13mA/cm^2。ADT 后，Ag-Mo-22 催化剂的电流密度降低了 12%，而 Pt/C 催化剂的电流密度仅保留了初始电流密度的 56%。在扩散限制区，Ag-Mo-22 的电流密度明显减小。通过分析 Koutecky-Levich 图，观察到 ADT 后转移的电子数略有减少［图 6-10（e）的插图］，这可能会导致电流密度的降低。Pt/C 催化剂在碱性溶液中容易吸附杂质，而导致其催化活性明显下降。根据 Mayrhofer[42,43] 的文献报道，玻璃腐蚀产生的硅酸盐会堵塞 Pt/C 催化剂的活性位点，从而降低 Pt/C 催化剂的稳定性。由于钼酸银材料的高稳定性，该材料可作为碱性燃料电池和金属-空气电池中 ORR 的潜在电催化剂。以 Ag-Mo-22 为阴极催化剂，在 6mol/L KOH 电解液中及室温下，对钼酸银在单个锌空气电池中的 ORR 性能进行了评价，得到的极化曲线如图 6-10（f）所示。单个电池的开路电压约为 1.35V，在 0.872V 最大功率密度为 87mW/cm^2，明显高于 Ag/C[44] 和 NF/PbMnO$_x$[45]。

6.3 Ni-Co 双金属催化剂和 Ag-Mo 双金属催化剂的比较

我们通过水热法并进一步煅烧制备了 $NiCo_2O_4$ 纳米催化剂，然后通过一系列物理手段表征其微观结构与形貌，同时测试了其作为氧电极的析氧活性和氧还原活性。所得结果如下：

① 微观结构与形貌：该 $NiCo_2O_4$ 纳米催化剂为脊椎状纳米棒，该催化剂中镍元素大部分为 Ni^{2+}，钴元素大部分为 Co^{3+}。

② 析氧活性：温度为 200℃时制备的 $NiCo_2O_4$ 纳米催化剂的起始析氧电位更负，峰电流更大，过电位更小（其析氧过电位最小可达 303.9mV）。

③ 氧还原活性：其对氧还原反应电子转移数为在 3.2～3.8 之间，接近四电子转移机理，同时也保留有两电子转移过程。

同样条件下温度为 200℃时制备的 $NiCo_2O_4$ 纳米催化剂的氧还原性能相对较好（在 1600r/min 其氧还原最低电流密度可达到 $5.095mA/cm^2$），脊椎状 $NiCo_2O_4$ 纳米催化剂表现出优良的电催化活性，值得进一步研究并有望应用于锌空气电池空气电极中。

另外，对于 Ag-Mo 双金属催化剂，首次将水热法制备的新型钼酸银材料作为碱性溶液中 ORR 的电催化剂。Ag-Mo-22 催化剂的 ORR 反应经历两电子和四电子两种途径结合的过程。与 Pt/C 相比，钼酸银具有更好的耐久性。采用 Ag-Mo-22 作为阴极催化剂，锌空气电池在 0.872 V 最大功率密度为 $87mW/cm^2$。这种合成简便、成本低、稳定性高的催化剂可作为碱性燃料电池和金属-空气电池的候选催化剂。

参考文献

[1] Xu M, Ivey D G, Xie Z, et al. Rechargeable Zn-air batteries: progress in electrolyte development and cell configuration advancement[J]. J Power Sources, 2015, 283: 358-371.

[2] 洪为臣, 马洪运, 赵宏博等. 空气电池关键问题与发展趋势[J]. 化工进展, 2016, 35(6): 1713-1722.

[3] 李光华. 几种非贵金属催化剂的制备及其在锌—空气电池中的应用[D]. 东南大学博士论文, 2015.

[4] Markovic N M, Schmidt J, Stamenkovic V, et al. Oxygen reduction reaction on

Pt and Pt bimetallic surfaces: A selective review[J]. Fuel Cells, 2001, 1(2): 105-116.

[5] Xiao J and Yang S. Sequential crystallization of sea urchin-like bimetallic (Ni, Co) carbonate hydroxide and its morphology conserved conversion to porous $NiCo_2O_4$ spinel for pseudocapacitors[J]. RSC Adv, 2011, 1(4): 588-595.

[6] Cherevko S, Geiger S, Kasian O. Oxygen and hydrogen evolution reactions on Ru, RuO_2, Ir, and IrO_2 thin film electrodes in acidic and alkaline electrolytes: A comparative study on activity and stability[J]. Catalysis Today, 2016, 262: 170-180.

[7] Silva G C, Fernandes, M R, Ticianelli E A. Activity and stability of Pt/IrO_2 bifunctional materials as catalysts for the oxygen evolution/reduction reactions [J]. ACS Catal, 2018, 8(3): 2081-2092.

[8] Zhang J, Zhao Z, Xia Z, et al. A metal-free bifunctional electrocatalyst for oxygen reduction and oxygen evolution reactions[J]. Nat Nanotech, 2015, 10: 444-452.

[9] Cheng F, Chen J. Metal-air batteries: from oxygen reduction electrochemistry to cathode catalysts[J]. Chem Soc Rev, 2012, 41(6): 2172-2192.

[10] Suntivich J, Gasteiger H A, Yabuuchi N. Design principles for oxygen-reduction activity on perovskite oxide catalysts for fuel cells and metal-air batteries[J]. Nat Chem, 2011, 3(7): 546-550.

[11] Cheng F, Shen J, Peng B. Rapid room-temperature synthesis of nanocrystalline spinels as oxygen reduction and evolutionelectrocatalysts[J]. Nat Chem, 2011, 3(1): 79-84.

[12] Ma C, Xu N, Qiao J, et al. Facile synthesis of $NiCo_2O_4$ nanosphere-carbon, nanotubes hybrid as an efficient bifunctional electrocatalyst for rechargeable Zn-air batteries[J]. Int J Hydrogen Energy, 2016, 41(21): 9211-9218.

[13] Lee D U, Kim B J and Chen Z. One-pot synthesis of a mesoporous $NiCo_2O_4$ nanoplatelet and graphene hybrid and its oxygen reduction and evolution activities as an efficient bifunctional electrocatalyst[J].J Mater Chem A, 2013, 1(15): 4754-4762.

[14] Lv X, Zhu Y, Jiang H, et al. Hollow mesoporous $NiCo_2O_4$ nanocages as efficient electrocatalysts for oxygen evolution reaction[J]. Dalton Trans, 2015, 44(9): 4148-4154.

[15] Li L, Shen L, Nie P, et al. Porous $NiCo_2O_4$ nanotubes as a noble-metal-free effective bifunctional catalyst for rechargeable Li-O_2 batteries[J]. J Mater Chem A, 2015, 3(48): 24309-24314.

[16] Prabu M, Ketpang K and Shanmugam S. Hierarchical nanostructured $NiCo_2O_4$ as an efficient bifunctional non-precious metal catalyst for rechargeable

zinc-air batteries[J]. Nanoscale, 2014, 6(6): 3173-3181.

[17] Jin C, Lu F, Cao X, et al. Facile synthesis and excellent electrochemical properties of NiCo$_2$O$_4$ spinel nanowire arrays as a bifunctional catalyst for the oxygen reduction and evolution reaction[J]. J Mater Chem A, 2013, 1(39): 12170-12177.

[18] Liu W, Gao T, Yang Y, et al. A hierarchical three-dimensional NiCo$_2$O$_4$ nanowire array/carbon cloth as an air electrode for nonaqueous Li-air batteries[J]. Phys Chem Chem Phys, 2013, 15(38): 15806-15810.

[19] Moni P, Hyun S, Vignesha A, et al. Chrysanthemum flower-like NiCo$_2$O$_4$ nitrogen doped graphene oxide composite: an efficient electrocatalyst for lithium-oxygen and zinc-air batteries[J]. Chem Commun, 2017, 53(55): 7836-7839.

[20] 李作鹏, 赵耀晓, 刘卫等. 脊椎状 NiCo$_2$O$_4$ 纳米棒的制备及其析氧和氧还原性能研究[J]. 分子催化, 2019, 33(1): 19-26.

[21] Wang Z, Zhang X, Zhang Z S, et al. Hybrids of NiCo$_2$O$_4$ nanorods and nanobundles with graphene as promising electrode materials for supercapacitors[J]. J Colloid Interf Sci, 2015, 460: 303-306.

[22] Zhu C, Pu X, Song W, et al. High capacity NiCo$_2$O$_4$ nanorods as electrode materials for supercapacitor[J]. J Alloy Compd, 2014, 617: 988-993.

[23] Yan K, Shang X, Li Z, et al. Ternary mixed metal Fe-doped NiCo$_2$O$_4$ nanowires as efficient electrocatalysts for oxygen evolution reaction[J]. Appl Surf Sci, 2017, 416: 371-378.

[24] Wang J, Fu Y, Xu Y, et al. Hierarchical NiCo$_2$O$_4$ hollow nanospheres as high efficient bifunctional catalysts for oxygen reduction and evolution reactions [J]. Int J Hydrogen Energy, 2016, 41(21): 8847-8854.

[25] Wang Y, Liu Y, Lu X, et al. Silver-molybdate electrocatalysts for oxygen reduction reaction in alkaline media[J]. Electrochem Commun, 2012, 20: 171-174.

[26] Ang S Y, Walsh D A. Palladium-vanadium alloy electrocatalysts for oxygen reduction: Effect of heat treatment on electrocatalytic activity and stability[J]. Appl Catal B: Environ, 2010, 98: 49-56.

[27] Jukk K, Alexeyeva N, Johans C, et al. Oxygen reduction on Pd nanoparticle/multi-walled carbon nanotube composites[J]. J Electroanal Chem, 2012, 666: 67-75.

[28] Guo J, Li H, He H, et al. CoPc- and CoPcF16-modified Ag nanoparticles as novel catalysts with tunable oxygen reduction activity in alkaline media[J]. J Phys Chem C, 2011, 115: 8494-8502.

[29] Lee C, Syu C. Electrochemical growth and oxygen reduction property of Ag

nanosheet arrays on a Ti/TiO$_2$ electrode[J]. Int J Hydrogen Energy, 2011, 36: 15068-15074.

[30] Meng H, Shen P K. Novel Pt-free catalyst for oxygen electroreduction[J]. Electrochem Commun, 2006, 8: 588-594.

[31] Tammeveski L, Erikson H, Sarapuu A, et al. Electrocatalytic oxygen reduction on silver nanoparticle/multi-walled carbon nanotube modified glassy carbon electrodes in alkaline solution[J]. Electrochem Commun, 2012, 20:15-18.

[32] Xiao W, Wang D, Lou X W. Shape-controlled synthesis of MnO$_2$ nanostructures with enhanced electrocatalytic activity for oxygen reduction[J]. J Phys Chem C, 2010, 114: 1694-1700.

[33] Lee J, Lee T, Song H, et al. Ionic liquid modified graphene nanosheets anchoring manganese oxide nanoparticles as efficient electrocatalysts for Zn-air batteries [J]. Energy Environ Sci, 2011, 4: 4148-4154.

[34] Avasarala B, Murray T, Li W, et al. Titanium nitride nanoparticles based electrocatalysts for proton exchange membrane fuel cells[J]. J Mater Chem, 2009, 19: 1803-1805.

[35] Cheng F, Shen J, Peng B, et al. Rapid room-temperature synthesis of nanocrystalline spinels as oxygen reduction and evolution electrocatalysts[J]. Nat Chem, 2011, 3: 79-84.

[36] Goodenough J B, Manoharan R, Paranthaman M. Surface protonation and electrochemical activity of oxides in aqueous solution[J]. J Am Chem Soc, 1990, 112: 2076-2082.

[37] Arof A K, Seman K C, Hashim A N, et al. A new silver ion conductor for battery applications[J]. Mater Sci Eng B, 1995, 31: 249-254.

[38] Cui X, Zhang Y, Shi F, et al. Organic ligand-free alkylation of amines, carboxamides, sulfonamides, and ketones by using alcohols catalyzed by heterogeneous Ag/Mo oxides[J]. Chem- Eur J, 2011, 17: 1021-1028.

[39] Han X J, Xu P, Xu C Q, et al. Study of the effects of nanometer β-Ni(OH)$_2$ in nickel hydroxide electrodes[J]. Electrochim Acta, 2005, 50: 2763-2769.

[40] Gatehouse B M, Leverett P. Crystal structures of silver dimolybdate, Ag$_2$Mo$_2$O$_7$, and silver ditungstate, Ag$_2$W$_2$O$_7$[J]. J Chem Soc, Dalton Trans, 1976, 14: 1316-1320.

[41] Gatehouse B M, Leverett P. The crystal structure of silver decamolybdate, Ag$_6$Mo$_{10}$O$_{33}$[J]. J Solid State Chem, 1970, 1: 484-496.

[42] Mayrhofer K J J, Wiberg G K H, Arenz M. Impact of glass corrosion on the electrocatalysis on Pt electrodes in alkaline electrolyte[J]. J Electrochem Soc, 2008, 155: P1-P5.

[43] Mayrhofer K J J, Crampton A S, Wiberg G K H, et al. Analysis of the impact

of individual glass constituents on electrocatalysis on Pt electrodes in alkaline solution[J]. J Electrochem Soc, 2008, 155: P78-81.

[44] Han J, Li N, Zhang T. Ag/C nanoparticles as an cathode catalyst for a zinc-air battery with a flowing alkaline electrolyte[J]. J Power Sources, 2009, 193: 885-889.

[45] Yang T, Venkatesan S, Lien C, et al. Nafion/lead oxide-manganese oxide combined catalyst for use as a highly efficient alkaline air electrode in zinc-air battery[J]. Electrochim Acta, 2011, 56: 6205-6210.